面向CS2013计算机专业规划教材

数理逻辑十二讲

宋方敏 吴骏 编著

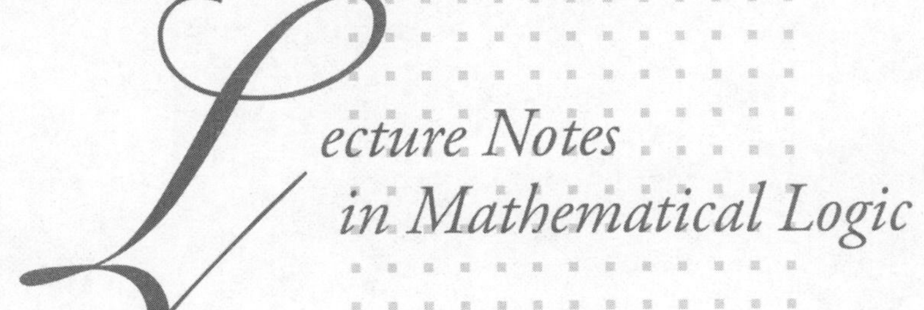

图书在版编目（CIP）数据

数理逻辑十二讲 / 宋方敏，吴骏编著．—北京：机械工业出版社，2017.3
（面向 CS2013 计算机专业规划教材）

ISBN 978-7-111-58122-2

I. 数…　II. ① 宋…　② 吴…　III. 数理逻辑 – 高等学校 – 教材　IV. O141

中国版本图书馆 CIP 数据核字（2017）第 241540 号

本书讲授数理逻辑的基础概念和基本理论，主要介绍命题逻辑和一阶逻辑．通过本书的学习，学生将掌握相关的基本概念、基本理论、基本推理，以及公理系统和形式化方法．本书主要内容包括命题逻辑和一阶逻辑的 Hilbert 系统和 Gentzen 系统，以及四个重要定理：Hauptsatz、完全性定理、紧性定理和 Herbrand 定理．数理逻辑是以公理系统和数学证明为研究对象的数学分支，对信息科学与技术的发展具有指导作用．

本书为掌握计算机科学的基础，对培养学生的素养以及提高其解决问题的能力有重要的意义．

出版发行：机械工业出版社（北京市西城区百万庄大街 22 号　邮政编码：100037）

责任编辑：佘　洁　　责任校对：李秋荣

印　　刷：北京瑞德印刷有限公司　　版　　次：2018 年 1 月第 1 版第 1 次印刷

开　　本：185mm × 260mm　1/16　　印　　张：10

书　　号：ISBN 978-7-111-58122-2　　定　　价：39.00 元

凡购本书，如有缺页、倒页、脱页，由本社发行部调换

客服热线：(010) 88378991　88361066　　投稿热线：(010) 88379604

购书热线：(010) 68326294　88379649　68995259　　读者信箱：hzjsj@hzbook.com

前 言

数理逻辑是用数学研究逻辑推理的一门学科，旨在为推理思维建立数学模型。19世纪中叶，数理逻辑就已作为一门科学存在，在20世纪中叶它得到蓬勃发展，由于Russell、Hilbert和Brouwer代表的三大学派的建立，数理逻辑迎来了一个新时代。1931年Gödel“两个不完备定理”的发表、1933年Tarski关于形式语言中的“真”概念的发表、1934年Herbrand-Gödel“一般递归函数”概念的发表，以及1936年Turing关于“判定性问题”的论文，使数理逻辑开始了一个更新的时代。

此后数理逻辑对数学基础、哲学和计算机科学都产生了重大影响。

本书主要介绍命题逻辑和一阶逻辑，这是非常重要的基础理论。为了使学生易学易懂，我们既介绍Gentzen系统，又介绍Hilbert系统。然后讲解数理逻辑的4个基本定理：完全性定理、紧性定理、Hauptsatz和Herbrand定理。最后我们介绍了模态逻辑。

本书源于作者在南京大学已试用多年的讲义，许多同学对讲义内容和习题提出了大量宝贵意见，在此作者表示衷心感谢。最后感谢我们的家人一直以来的支持和关心。

由于作者才疏学浅，本书内容一定存在不足和错误，希望读者批评指正。

作者

2016年于南京大学仙林校区

目 录

CHAPTER 1

第一讲

命题逻辑

命题逻辑（Propositional Logic）引入了逻辑联结词，是一种最基本的逻辑.

1.1 命题逻辑的语法

首先建立命题逻辑的语言.

定义1.1 (字母表). 字母表由以下成分组成:

1. 命题符：$P_0, P_1, P_2, \cdots, P_n, \cdots, n \in \mathbf{N}$，记 $PS = \{P_n \mid n \in \mathbf{N}\}$
2. 联结词：$\neg$，$\wedge$，$\vee$，$\rightarrow$
3. 辅助符：(，)

注:

1. 本书中，命题符之集 PS 为可数无穷集，即$|PS| = \aleph_0$.
2. 有些书籍还引入其他一些联结词，如 $\leftrightarrow$ 等.
3. 为了表达更清楚，我们可再引入一些辅助符，如 [，] 等.

以下定义命题.

定义1.2 (命题).

1. 命题符为命题;
2. 若 A, B 为命题, 则 $(\neg A)$, $(A \wedge B)$, $(A \vee B)$ 和 $(A \to B)$ 为命题;
3. 命题仅限于此.

用封包法也可定义命题:

令 $C_\neg$, $C_\wedge$, $C_\vee$, $C_\to$ 为所有字母表符号串之集上的函数:

$$C_\neg(A) = (\neg A)$$

$$C_*(A, B) = (A * B)$$

这里 $* \in \{\wedge, \vee, \to\}$.

定义1.3 (命题集). 所有命题的集合 $PROP$ 是满足以下条件的最小集合:

1. $PS \subseteq PROP$;
2. 若 $A \in PROP$, 则 $C_\neg(A) \in PROP$;
3. 若 $A, B \in PROP$, 则 $C_\wedge(A, B)$、$C_\vee(A, B)$ 和 $C_\to(A, B) \in PROP$;

即 $PROP$ 为函数 $C_\neg$, $C_\wedge$, $C_\vee$ 和 $C_\to$ 下 PS 的归纳闭包.

引理1.4 (括号引理). 若 A 为命题, 则 A 中所有左括号的个数等于右括号的个数.

引理1.5 $A \in PROP$等价于存在有穷序列 $A_0, A_1, \cdots, A_n$ 使 A 为 A_n 且对任何 $i \leqslant n$,

或**(a)** $A_i \in PS$

或**(b)** 存在 $k < i$ 使 A_i 为 $(\neg A_k)$

或**(c)** 存在 $k, l < i$ 使 A_i 为 $(A_k * A_l)$, 这里 $*$ 为 $\wedge$, $\vee$, $\to$ 之一

以上序列 $A_0, A_1, \cdots, A_n$ 被称为 A 的构造序列.

证明: 令 $PROP' = \{A \mid$ 存在有穷序列 $A_0, A_1, \cdots, A_n$ 使 A_n为A 且对任何 $i \leqslant n$ 或 (a)$A_i \in PS$ 或 (b) 存在 $k < i$ 使 A_i 为 $(\neg A_k)$ 或 (c) 存在 $k, l < i$ 使 A_i 为 $(A_k * A_l)$, 这里 $*$ 为 $\wedge, \vee, \to$ 之一$\}$. 欲证 $PROP = PROP'$, 只需证 (1) $PROP' \subseteq PROP$ 和 (2) $PROP \subseteq PROP'$.

(1) 设 $A \in PROP'$，从而有 $A_0, A_1, \cdots, A_n$ 满足对任何 $i \leqslant n$ 有 (a) 或 (b) 或 (c). 对 i 归纳证明 $A_i \in PROP$.

奠基: $i = 0$，易见 $A_0 \in PS$ 从而 $A_0 \in PROP$.

归纳假设(I.H.): 设对任何 $k < i$ 有 $A_k \in PROP$.

归纳步骤: 对于i

情况(a): $A_i \in PS$ 从而 $A_i \in PROP$.

情况(b): A_i 为 $(\neg A_k)$，这里 $k < i$，从而由归纳假设可知 $A_k \in PROP$，因此 $A_i \in PROP$.

情况(c): A_i 为 $(A_k * A_l)$，这里 $k, l < i$，从而由归纳假设可知 $A_k, A_l \in PROP$，因此 $A_i \in PROP$.

归纳完成，故 $A_n \in PROP$，因此 $PROP' \subseteq PROP$.

(2) 由于 $PROP$ 为满足定义 1.3 中条件 (1)、(2) 和 (3) 的最小集合，故只需证 $PROP'$ 满足定义1.3中条件 (1),(2) 和(3). 易见 $PS \subseteq PROP'$，又当 $A, B \in PROP'$ 时 A, B 有构造序列 $A_0, A_1, \cdots, A_n$ 和 $B_0, B_1, \cdots, B_m$，从而 $(\neg A)$ 有构造序列 $A_0, A_1, \cdots, A_n, (\neg A)$，且 $(A * B)$ 有构造序列 $A_0, A_1, \cdots, A_n, B_0, B_1, \cdots, B_m, (A * B)$，从而 $PROP'$ 满足定义 1.3 中的条件，故 $PROP \subseteq PROP'$. □

这样每个命题皆有构造过程，但构造过程不一定唯一. 若 $A_0, A_1, \cdots, A_n$ 为 A 的最短构造过程，则称 n 为 A 的构造长度. 下面常常会对 A 的结构作归纳证明一些性质，事实上是对 A 的构造长度作归纳，而这是自然数上的归纳.

1.2 命题逻辑的语义

本节给出命题逻辑的语义以及定义命题的可满足性和永真性概念.

定义1.6 令真值集 $\mathbf{B}=\{T,F\}$,

- 联结词 $\neg$ 被解释为一元函数 $H_\neg:\mathbf{B}\to\mathbf{B}$;
- 联结词 $*$ 被解释为二元函数 $H_*:\mathbf{B}^2\to\mathbf{B}$, 这里 $*\in\{\wedge,\vee,\to\}$;
- $H_\neg$, $H_\wedge$, $H_\vee$, $H_\to$ 定义如下:

P	Q	$H_\neg(P)$	$H_\wedge(P,Q)$	$H_\vee(P,Q)$	$H_\to(P,Q)$
T	T	F	T	T	T
T	F	F	F	T	F
F	T	T	F	T	T
F	F	T	F	F	T

这就是所谓的真值表.

定义1.7 (命题的语义).

- v 为一个赋值指它为函数 $v:PS\to\mathbf{B}$, 从而对任何命题符 P_i, $v(P_i)$ 为T或F.
- 对于任何赋值 v, 定义 $\hat{v}:PROP\to\mathbf{B}$ 如下:

  $\hat{v}(P_n)=v(P_n)$, $n\in\mathbf{N}$;

  $\hat{v}(\neg A)=H_\neg(\hat{v}(A))$;

  $\hat{v}(A*B)=H_*(\hat{v}(A)*\hat{v}(B))$, 这里 $*\in\{\wedge,\vee,\to\}$.

对于命题 A, 它的解释 $\hat{v}(A)$ 为 T 或 F.

事实上, 真值 $\hat{v}(A)$ 仅与 A 中出现的命题符有关.

设 A 为命题, 令 $FV(A)=\{P\in PS\mid P$ 出现于 A 中$\}$.

引理1.8 设 A 为命题, v_1,v_2 为赋值, 若 $v_1\restriction FV(A)=v_2\restriction FV(A)$, 则 $\hat{v}_1(A)=\hat{v}_2(A)$.

证明: 设 $v_1\restriction FV(A)=v_2\restriction FV(A)$, 即对于 $P\in FV(A)$, $v_1(P)=v_2(P)$.以下对 A 的结构作归纳证明 $\hat{v}_1(A)=\hat{v}_2(A)$... (*).

奠基: 当 $A \in PS$ 时，易见 (*) 成立.

归纳假设: 设 A为B,C 时， (*) 成立.

归纳步骤:

情况$\neg$: A 为 $\neg B$，

$$\hat{v}_1(A) = \hat{v}_1(\neg B) = H_\neg(\hat{v}_1(B)) \overset{\text{I.H.}}{=} H_\neg(\hat{v}_2(B)) = \hat{v}_2(\neg B) = \hat{v}_2(A)$$

情况$*$: $* \in \{\wedge, \vee, \rightarrow\}$，$A$ 为 $B * C$.

$$\hat{v}_1(A) = \hat{v}_1(B * C) = H_*(\hat{v}_1(B), \hat{v}_1(C)) \overset{\text{I.H.}}{=} H_*(\hat{v}_2(B), \hat{v}_2(C))$$

$$= \hat{v}_2(B * C) = \hat{v}_2(A)$$

□

例1.1 设 A 为 $(\neg((P \rightarrow Q) \wedge (Q \rightarrow P)))$，$v$ 为赋值且 $P,Q \in PS$. 若 $v(P)$=T,$v(Q)$=F，则计算 $\hat{v}(A)$ 如下表：

P	Q	$P \rightarrow Q$	$Q \rightarrow P$	$(P \rightarrow Q) \wedge (Q \rightarrow P)$	A
T	F	F	T	F	T

定义1.9 设 A 为命题，v 为赋值.

1. v 满足 A，记为 $v \vDash A$，指 $\hat{v}(A)$=T.

2. A 为永真式 (tautology)，记为 $\vDash A$，指对任何 v 有 $\hat{v}(A)$=T;

3. A 可满足，指有 v 使 $v \vDash A$;

4. 设 Γ 为命题集，A 为 Γ 的语义结论，记为 $\Gamma \vDash A$，指对所有 v，若对任何 $B \in \Gamma$ 有 $\hat{v}(B)$=T 则 $\hat{v}(A)$=T.

例1.2 $A \rightarrow A$，$\neg\neg A \rightarrow A$，$(A \wedge B) \rightarrow (B \wedge A)$ 为永真式.

例1.3 证明$(A \rightarrow B) \rightarrow (\neg B \rightarrow \neg A)$ 为永真式.

证明: 可列出如下真值表:

A	B	$(A \rightarrow B) \rightarrow (\neg B \rightarrow \neg A)$
T	T	T
T	F	T
F	T	T
F	F	T

□

注意：$\vDash$ 不是该语言中的符号，而是在上层语言 (meta-language) 中. 在上层语言中，人们也需要用联结词，如 iff, not, and, or, imply 等. 例如我们有

- $v \vDash \neg A$ iff not $v \vDash A$
- $v \vDash (A \wedge B)$ iff $(v \vDash A)$ and $(v \vDash B)$
- $v \vDash (A \vee B)$ iff $(v \vDash A)$ or $(v \vDash B)$
- $v \vDash (A \to B)$ iff $(v \vDash A)$ implies $(v \vDash B)$

下面我们讨论联结词的独立性.

定义1.10　设 A 为命题，$FV(A) = \{Q_1, \cdots, Q_n\}$.$n$ 元函数 $H_A : \mathbf{B}^n \longrightarrow \mathbf{B}$ 定义如下：对于任何 $(a_1, \cdots, a_n) \in \mathbf{B}^n$，$H_A(a_1, \cdots, a_n) = \hat{v}(A)$，这里赋值 v 满足 $v(Q_i) = a_i (1 \leqslant i \leqslant n)$. 下面称 $f : \mathbf{B}^n \longrightarrow \mathbf{B}$ 为 n 元真值函数，称 H_A 为由 A 定义的真值函数.

例1.4　设 A 为 $(P \wedge \neg Q) \vee (\neg P \wedge Q)$，由下列真值表知 $H_A : \mathbf{B}^2 \longrightarrow \mathbf{B}$ 为不可兼或运算.

P	Q	A	$H_A(P,Q)$
T	T	F	F
T	F	T	T
F	T	T	T
F	F	F	F

由 A 可定义真值函数 H_A，反之给定真值函数 $f : \mathbf{B}^n \longrightarrow \mathbf{B}$，是否存在命题 A 使 $f = H_A$？回答是肯定的.

我们先引入一些术语.

定义1.11

1. 命题 A 为析合范式 ($\vee\wedge$-nf) 指 A 呈形 $\bigvee_{i=1}^{m}(\bigwedge_{k=1}^{n} P_{i,k})$，这里 $P_{i,k}$ 为命题符或命题符的否定(即呈形 $\neg P_i$).

2. 命题 A 为合析范式 ($\wedge\vee$-nf) 指 A 呈形 $\bigwedge\limits_{j=1}^{l}(\bigvee\limits_{k=1}^{n} Q_{j,k})$，这里 $Q_{j,k}$ 为命题符或命题符的否定.

其中，$\bigwedge\limits_{k=1}^{n} B_k$ 为 $(\cdots(((B_1\wedge B_2)\wedge B_3)\cdots\wedge B_n)\cdots)$ 的简写；$\bigvee\limits_{k=1}^{n} B_k$ 为 $(\cdots(((B_1\vee B_2)\vee B_3)\cdots\vee B_n)\cdots)$ 的简写.

定理1.12 设 $f:\mathbf{B}^n\longrightarrow\mathbf{B}$,

1. 存在命题 A，其为 $\vee\wedge$-nf 使 $f=H_A$；
2. 存在命题A'，其为 $\wedge\vee$-nf 使 $f=H_{A'}$.

证明: 设$f:\mathbf{B}^n\longrightarrow\mathbf{B}$，令

- $T_f=\{(x_1,\cdots,x_n)\in\mathbf{B}^n\mid f(x_1,\cdots,x_n)=\mathrm{T}\}$
- $F_f=\{(x_1,\cdots,x_n)\in\mathbf{B}^n\mid f(x_1,\cdots,x_n)=\mathrm{F}\}$

$\because$ T_f 和 F_f 皆为有穷集，$\therefore$ 可设

- $T_f=\{(a_{i1},\cdots,a_{in})\in\mathbf{B}^n\mid 1\leqslant i\leqslant m\}$
- $F_f=\{(b_{j1},\cdots,b_{jn})\in\mathbf{B}^n\mid 1\leqslant j\leqslant l\}$

这里 $m+l=2^n$. 令

$$P^*_{i,k}=\begin{cases}P_k, & \text{若 } a_{ik}=\mathrm{T},\\ \neg P_k, & \text{若 } a_{ik}=\mathrm{F}.\end{cases}$$

$$A=\bigvee_{i=1}^{m}(\bigwedge_{k=1}^{n}P^*_{i,k})$$

又令

$$Q^*_{j,k}=\begin{cases}\neg P_k, & \text{若 } b_{jk}=\mathrm{T},\\ P_k, & \text{若 } b_{jk}=\mathrm{F}.\end{cases}$$

$$A'=\bigwedge_{j=1}^{l}(\bigvee_{k=1}^{n}Q^*_{jk})$$

易见 $FV(A) = \{P_1, P_2, \cdots, P_n\}$.

欲证 $H_A = f$，

只需证：令 $v(P_i) = x_i$，有 $f(x_1, \cdots, x_n) = \hat{v}(A)$

只需证：$\hat{v}(A)$=T iff $(x_1, \cdots, x_n) \in T_f$，即 $v \vDash A$ iff $(x_1, \cdots, x_n) \in T_f$

$\because$

$$v \vDash A \text{ iff } v \vDash \bigvee_{i=1}^{m}\left(\bigwedge_{k=1}^{n} P_{i,k}^*\right)$$

iff 有 $i \leqslant m$ 使 $v \vDash \left(\bigwedge_{k=1}^{n} P_{i,k}^*\right)$

iff 有 $i \leqslant m$ 使对所有 $k \leqslant n$ 有 $v \vDash P_{i,k}^*$

iff 有 $i \leqslant m$ 使对所有 $k \leqslant n$ 有 $\hat{v}(P_{i,k}^*) = \mathrm{T}$

iff 有 $i \leqslant m$ 使对所有 $k \leqslant n$ 有 $v(P_k) = a_{ik}$

iff 有 $i \leqslant m$ 使对所有 $k \leqslant n$ 有 $x_k = a_{ik}$

iff 有 $i \leqslant m$ 使 $(x_1, \cdots, x_n) = (a_{i1}, \cdots, a_{in})$

iff $(x_1, \cdots, x_n) \in T_f$

$\therefore$ $H_A = f$, 同理可证 $H_{A'} = f$. □

例1.5 求 $((P \wedge Q) \to R) \wedge P$ 的 ∧∨-nf 和 ∨∧-nf.

解: 不妨设 $P, Q, R \in PS$.

先计算出下列真值表

P	Q	R	$((P \wedge Q) \to R) \wedge P$	∨∧-nf	∧∨-nf
T	T	T	T	$P \wedge Q \wedge R$	
T	T	F	F		$\neg P \vee \neg Q \vee R$
T	F	T	T	$P \wedge \neg Q \wedge R$	
T	F	F	T	$P \wedge \neg Q \wedge \neg R$	
F	T	T	F		$P \vee \neg Q \vee \neg R$
F	T	F	F		$P \vee \neg Q \vee R$
F	F	T	F		$P \vee Q \vee \neg R$
F	F	F	F		$P \vee Q \vee R$

它的 $\vee\wedge$-nf:

$$(P \wedge Q \wedge R) \vee (P \wedge \neg Q \wedge R) \vee (P \wedge \neg Q \wedge \neg R)$$

它的 $\wedge\vee$-nf:

$$(\neg P \vee \neg Q \vee R) \wedge (P \vee \neg Q \vee \neg R) \wedge (P \vee \neg Q \vee R) \wedge (P \vee Q \vee \neg R) \wedge (P \vee Q \vee R) \qquad \square$$

定义1.13 设 A，B 为命题，A 与 B 逻辑等价，记为 $A \simeq B$，指对任何赋值 v，

$$v \vDash A \text{ iff } v \vDash B$$

命题1.14

1. $A \simeq A$;
2. 若 $A \simeq B$，则 $B \simeq A$;
3. 若 $A \simeq B$ 且 $B \simeq C$，则 $A \simeq C$;
4. 若 $A \simeq B$，则 $(\neg A) \simeq (\neg B)$;
5. 若 $A_1 \simeq B_1$ 且$A_2 \simeq B_2$，则 $(A_1 * A_2) \simeq (B_1 * B_2)$，这里 $* \in \{\wedge, \vee, \to\}$.

证明留作习题.

命题1.15 设 $FV(A \wedge B) = \{Q_1, \cdots, Q_n\}$ 且 $H_A : \mathbf{B}^n \longrightarrow \mathbf{B}$，$H_B : \mathbf{B}^n \longrightarrow \mathbf{B}$. 我们有 $A \simeq B$ iff $H_A = H_B$.

命题1.16 若 A 为命题，则存在 $\wedge\vee$-nf B 和 $\vee\wedge$-nf B' 使 $A \simeq B$ 且 $A \simeq B'$，这时称 B 和 B' 分别为 A 的 $\wedge\vee$-nf 和 $\vee\wedge$-nf.

证明: 由定理 1.12 和命题 1.15 即得. $\square$

由定理 1.12 知，对于任何 n 元真值函数 f，存在命题 A，其中仅用联结词 $\neg$，$\wedge$，$\vee$ 使 $f = H_A$.这就说明 $\{\neg, \wedge, \vee\}$ 是联结词的函数完全组. 又由于

- $A \wedge B \simeq \neg(\neg A \vee \neg B)$
- $A \vee B \simeq \neg(\neg A \wedge \neg B)$

故 $\{\neg,\wedge\}$，$\{\neg,\vee\}$，$\{\neg,\rightarrow\}$ 亦为联结词的函数完全组.

例1.6 求 $\neg((P\wedge Q)\rightarrow R)$ 的 $\wedge\vee$-nf 和 $\vee\wedge$-nf.

解:

$$\begin{aligned}
\because\ & \neg((P\wedge Q)\rightarrow R)\\
&\simeq \neg(\neg(P\wedge Q)\vee R)\\
&\simeq \neg((\neg P\vee\neg Q)\vee R)\\
&\simeq \neg(\neg P\vee\neg Q\vee R)\\
&\simeq (\neg\neg P)\wedge(\neg\neg Q)\wedge\neg R\\
&\simeq P\wedge Q\wedge\neg R
\end{aligned}$$

$\therefore$ $P\wedge Q\wedge\neg R$ 既为原式的 $\wedge\vee$-nf，又为 $\vee\wedge$-nf. □

1.3 自然推理系统及其性质

定义1.17 一个矢列是一个二元组 (Γ,Δ)，记为 $\Gamma\vdash\Delta$，这里 Γ,Δ 为命题的有穷集合（可为空），称 Γ 为前件，Δ 为后件. 命题逻辑的自然推理系统 G' 由以下公理和规则组成，$\Gamma,\Delta,\Lambda,\Theta$ 表示任何命题有穷集合，A,B 表示任何命题，Γ,A,Δ为集合 $\Gamma\cup\{A\}\cup\Delta$ 的简写.

公理:

$$\Gamma,A,\Delta\vdash\Lambda,A,\Theta$$

规则:

$$\neg L:\frac{\Gamma,\Delta\vdash\Lambda,A}{\Gamma,\neg A,\Delta\vdash\Lambda}\qquad\qquad \neg R:\frac{\Gamma,A\vdash\Lambda,\Theta}{\Gamma\vdash\Lambda,\neg A,\Theta}$$

$$\vee L: \frac{\Gamma, A, \Delta \vdash \Lambda \quad \Gamma, B, \Delta \vdash \Lambda}{\Gamma, A \vee B, \Delta \vdash \Lambda} \qquad \vee R: \frac{\Gamma \vdash \Lambda, A, B, \Theta}{\Gamma \vdash \Lambda, A \vee B, \Theta}$$

$$\wedge L: \frac{\Gamma, A, B, \Delta \vdash \Lambda}{\Gamma, A \wedge B, \Delta \vdash \Lambda} \qquad \wedge R: \frac{\Gamma \vdash \Lambda, A, \Theta \quad \Gamma \vdash \Lambda, B, \Theta}{\Gamma \vdash \Lambda, A \wedge B, \Theta}$$

$$\to L: \frac{\Gamma, \Delta \vdash A, \Lambda \quad \Gamma, B, \Delta \vdash \Lambda}{\Gamma, A \to B, \Delta \vdash \Lambda} \qquad \to R: \frac{\Gamma, A \vdash \Lambda, B, \Theta}{\Gamma \vdash \Lambda, A \to B, \Theta}$$

$$\text{Cut}: \frac{\Gamma \vdash \Lambda, A \quad \Delta, A \vdash \Theta}{\Gamma, \Delta \vdash \Lambda, \Theta}$$

系统 G' 中只有一条公理，有多条规则，每条规则都有名称，呈形 $\frac{S'}{S}$ 或 $\frac{S_1, S_2}{S}$，这可以被看作树

或

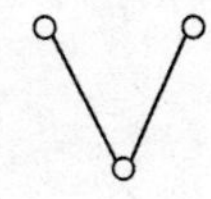

规则的上矢列S_1, S_2 被称为前提，下矢列S 被称为结论. G' 系统中的规则被称为推理规则，规则中被作用的命题被称为主命题，而不变的命题被称为辅命题.

每个公理和规则都是模式（schema），它们可有无穷多个实例.

例1.7 $\frac{A, B \vdash P, D \quad Q, A, B \vdash D}{A, P \to Q, B \vdash D}$ 为 $\to L$ 的实例.

定义1.18 设 Γ 为 $\{A_1, A_2, \cdots, A_m\}$，$\Delta$ 为 $\{B_1, B_2, \cdots, B_n\}$，

1. $\Gamma \vdash \Delta$ 有反例（falsifiable）指存在赋值 v 使 $v \vDash (A_1 \wedge \cdots \wedge A_m) \wedge (\neg B_1 \wedge \cdots \wedge \neg B_n)$，这时称 v 反驳 $\Gamma \vdash \Delta$.

2. $\Gamma \vdash \Delta$ 有效（valid）指对任何赋值 v，$v \vDash (A_1 \wedge \cdots \wedge A_m) \to (B_1 \vee B_2 \vee \cdots \vee B_n)$，这时称 v 满足 $\Gamma \vdash \Delta$.

3. $\Gamma \vdash \Delta$ 有效也被记为 $\Gamma \vDash \Delta$.

4. 当 $m = 0$ 时，$\vdash B_1, \cdots, B_n$ 有反例指 $(\neg B_1 \wedge \cdots \wedge \neg B_n)$ 可满足；$\vdash B_1, \cdots, B_n$ 有效指 $(B_1 \vee \cdots \vee B_n)$ 永真.

5. 当 $n = 0$ 时，$A_1, \cdots, A_n \vdash$ 有反例指 $(A_1 \wedge \cdots \wedge A_m)$ 可满足；$A_1, \cdots, A_m \vdash$ 有效指 $(A_1 \wedge \cdots \wedge A_m)$ 不可满足.

6. 约定 $\{\} \vdash \{\}$ 非有效.

命题1.19　$\Gamma \vdash \Delta$ 有效 iff $\Gamma \vdash \Delta$ 无反例.

引理1.20　对于 G' 系统的每条异于 Cut 的规则,

1. 赋值 v 反驳规则的结论 iff v 至少反驳规则的一个前提;

2. v 满足规则的结论 iff v 满足规则的所有前提;

3. 对于 G' 系统中的每条异于 Cut 的规则，每个前提有效 iff 结论有效.

证明留作习题.

注：若 v 反驳 Cut 的结论，则 v 至少反驳 Cut 的一个前提，反之不然.

反例：

$$\frac{P_1 \vdash P_2 \quad P_2 \vdash P_3}{P_1 \vdash P_3} \text{Cut}$$

取 $v(P_1) = v(P_3) =$T，$v(P_2) =$F 即可.

定义1.21　设 $\Gamma \vdash \Lambda$ 为矢列，树 T 为 $\Gamma \vdash \Lambda$ 的证明树指：

1. 当 $\Gamma \vdash \Lambda$ 为 G' 公理，以 $\Gamma \vdash \Lambda$ 为节点的单点树 T 为其证明树.

2. 当 $\dfrac{\Gamma' \vdash \Lambda'}{\Gamma \vdash \Lambda}$ 为 G' 规则，若 T' 为 $\Gamma' \vdash \Lambda'$ 的证明树，则树 T:

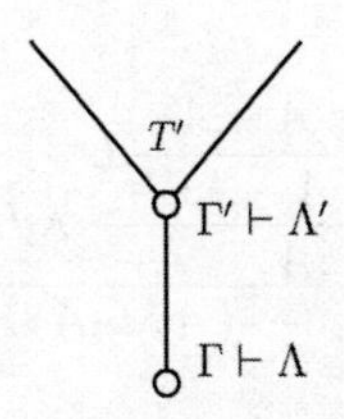

为 $\Gamma \vdash \Lambda$ 的证明树.

3. 当 $\dfrac{\Gamma_1 \vdash \Lambda_1 \ \ \Gamma_1 \vdash \Lambda_2}{\Gamma \vdash \Lambda}$ 为 G' 规则，若T_i 为 $\Gamma_i \vdash \Lambda_i$ 的证明树 $(i = 1, 2)$，则树 T:

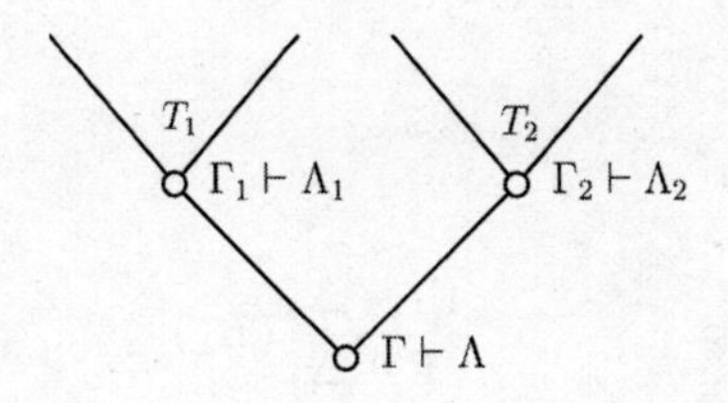

为 $\Gamma \vdash \Lambda$ 的证明树.

定义1.22　设 $\Gamma \vdash \Lambda$ 为 矢列，$\Gamma \vdash \Lambda$ 可证（provable）指存在 $\Gamma \vdash \Lambda$ 的证明树.

例1.8　证明:

1) $\vdash A \to A$

2) $\vdash A \vee \neg A$

3) $\vdash \neg(A \wedge \neg A)$

可证.

证明:

1.

$$\frac{A \vdash A}{\vdash A \to A} \to R$$

2.

$$\cfrac{\cfrac{A \vdash A}{\vdash A, \neg A}\neg R}{\vdash A \vee \neg A} \vee R$$

3.

$$\dfrac{\dfrac{\dfrac{A \vdash A}{A, \neg A \vdash}\neg L}{A \wedge \neg A \vdash}\wedge L}{\vdash \neg(A \wedge \neg A)}\neg R$$

□

定理1.23 (G' 的 soundness). 若 $\Gamma \vdash \Delta$ 在 G' 中可证，则 $\Gamma \vdash \Delta$ 有效.

证明: 下面对 $\Gamma \vdash \Delta$ 的证明树的结构归纳证明 $\Gamma \vdash \Delta$ 有效，即 $\Gamma \vDash \Delta$. $\Gamma \vdash \Delta$ 为公理，易见 $\Gamma \vDash \Delta$. 先设下面的 (R_1) 和 (R_2) 不是规则 Cut.

情况1:

$$\frac{\Gamma_1 \vdash \Delta_1}{\Gamma \vdash \Delta}(R_1)$$

由归纳假设知 $\Gamma_1 \vDash \Delta_1$，从而由引理 1.20 知 $\Gamma \vDash \Delta$.

情况2:

$$\frac{\Gamma_1 \vdash \Delta_1 \quad \Gamma_2 \vdash \Delta_2}{\Gamma \vdash \Delta}(R_2)$$

由归纳假设知$\Gamma_1 \vDash \Delta_1$，$\Gamma_1 \vDash \Delta_1$，从而由引理 1.20知$\Gamma \vDash \Delta$.

情况3: 设 Γ 为 Γ_1, Γ_2 且 Δ 为 Δ_1, Δ_2,

$$\frac{\Gamma_1 \vdash \Delta_1, A \quad \Gamma_2, A \vdash \Delta_2}{\Gamma \vdash \Delta}(\mathrm{Cut})$$

由归纳假设知$\Gamma_1 \vDash \Delta_1, A$ 且 $\Gamma_2, A \vDash \Delta_2$. 反设非 $\Gamma \vDash \Delta$，即有 v 反驳$\Gamma \vDash \Delta$.

1. 当 $v(A) = \mathrm{T}$ 时，v 反驳 $\Gamma_2, A \vdash \Delta_2$，矛盾!

2. 当 $v(A) = \mathrm{F}$ 时，v 反驳 $\Gamma_1 \vdash \Delta_1, A$，矛盾!

故 $\Gamma \vDash \Delta$. □

定理1.24 (G'的completeness). 若 $\Gamma \vdash \Delta$ 有效，则 $\Gamma \vdash \Delta$ 在 G' 中可证. 这就是 G' 的完全性.

证明: 设 m 为 $\Gamma \vdash \Delta$ 中联结词出现的个数，以下对 m 作归纳证明(*)：在 G' 中存在 $\Gamma \vdash \Delta$ 的一个无 Cut 证明树，其中规则个数 $< 2^m$.

当 $m = 0$ 时，$\Gamma \vdash \Delta$ 中无联结词，故呈形 $P_1, \cdots, P_n \vdash Q_1, \cdots, Q_n$, P_i, Q_j 均为命题符，$\because \Gamma \vDash \Delta$，$\therefore$ 必有一个 P 同时出现于 $\Gamma \vdash \Delta$ 的左右两边，从而 $\Gamma \vdash \Delta$ 为公理，它有证明树，其中无规则. 故(*)成立.

对于 $m > 0$，我们将按照联结词在 Γ, Δ 中最外位置的情况来证明(*).

情况1： 设 Γ 为 $\neg A, \Gamma'$. 我们可作 $\Gamma \vdash \Delta$ 的推理如下:

$$\frac{\Gamma' \vdash \Delta, A}{\neg A, \Gamma' \vdash \Delta}$$

$\because \Gamma \vDash \Delta$，$\therefore$ 由引理 1.20，$\Gamma' \vDash \Delta, A$，而 $\Gamma' \vDash \Delta, A$ 中联结词出现的个数 $\leqslant m - 1$，从而由归纳假设知 $\Gamma' \vDash \Delta, A$ 有一个无 Cut 证明，其中规则个数 $< 2^{m-1}$，因此 $\Gamma \vdash \Delta$ 有一个无Cut证明，其中规则个数 $< 2^{m-1} + 1 \leqslant 2^m$.

情况2： 设 Δ 为 $\neg B. \Delta'$. 与情况 1 同理.

情况3： 设 Γ 为 $A \wedge B, \Gamma' \vDash \Delta$，我们有推理

$$\frac{A, B, \Gamma' \vdash \Delta}{A \wedge B, \Gamma' \vdash \Delta}$$

从而由引理1.20，$A, B, \Gamma' \vDash \Delta$，由归纳假设知$A, B, \Gamma' \vDash \Delta$有无Cut证明树，其中规则个数 $< 2^{m-1}$，因此 $\Gamma \vdash \Delta$ 有无 Cut 证明树，其中规则个数 $< 2^{m-1} + 1 \leqslant 2^m$.

情况4： 设 Δ为$\Delta', A\wedge B$，我们有推理

$$\frac{\Gamma\vdash\Delta', A \quad \Gamma\vdash\Delta', B}{\Gamma\vdash\Delta', A\wedge B}$$

$\because\ \Gamma\vDash\Delta$，$\therefore$ 由引理 1.20，$\Gamma\vDash\Delta', A$ 且 $\because\ \Gamma\vDash\Delta', B$. 而 $\Gamma\vdash\Delta', A$ 与 $\Gamma\vdash\Delta', B$ 中的联结词出现的个数 $\leqslant m-1$，故由归纳假设知 $\Gamma\vdash\Delta', A$ 和 $\Gamma\vdash\Delta', B$ 皆有一个无 Cut 证明，其中规则个数 $<2^{m-1}$，从而$\Gamma\vdash\Delta$有无Cut证明，其中规则个数 $\leqslant(2^{m-1}-1)+(2^{m-1}-1)+1<2^m$.

其余情况同理可证. 归纳完成. □

系1.25 $\Gamma\vdash\Delta$ 可证 iff $\Gamma\vdash\Delta$ 有效.

系1.26 若 $\Gamma\vdash\Delta$ 在 G' 中可证，则 $\Gamma\vdash\Delta$ 在 G' 中有一个无Cut证明.

命题逻辑的另一个重要性质是紧性定理.

定理1.27 (compactness). 设 Γ 为命题的集合，若 Γ 的任何有穷子集可满足，则 Γ 可满足.

证明见第十一讲紧性定理.

第一讲习题

1. 证明 $|PROP| = \aleph_0$.

2. 证明引理1.4(括号引理).

3. 证明以下命题永真.

   (a) $A \to A$

   (b) $((A \to B) \wedge (B \to C)) \to (A \to C)$

   (c) $\neg(A \wedge B) \to (\neg A \vee \neg B)$

   (d) $(\neg A \vee \neg B) \to \neg(A \wedge B)$

   (e) $\neg(A \vee B) \to (\neg A \wedge \neg B)$

   (f) $(\neg A \wedge \neg B) \to \neg(A \vee B)$

4. 证明以下命题可满足:

   (a) $(A \to B) \wedge C$

   (b) $(A \vee B) \to C$

5. 求以下公式的 $\wedge\vee$-nf 和 $\vee\wedge$-nf.

   (a) $(\neg((P \to \neg Q) \to R))$

   (b) $\neg(\neg(\neg\neg R \wedge Q) \wedge P)$

   这里 $P, Q, R \in PS$.

6. 设习题3中的命题为 A'，在 G' 中证明 $\vdash A'$.

7. 证明在 G' 中 $\vdash (P \to Q) \vee R$ 不可证，这里 $P, Q, R \in PS$.

8. 证明:

   (a) $A \wedge B \simeq B \wedge A$.

(b) $A \vee B \simeq B \vee A$.

(c) $\neg\neg A \simeq A$.

(d) $\neg(A \vee B) \simeq (\neg A) \wedge (\neg B)$.

(e) $\neg(A \wedge B) \simeq (\neg A) \vee (\neg B)$.

(f) $(A \to B) \simeq (\neg B \to \neg A)$.

9. 证明引理1.20.

10. 在 G' 中导出规则 MP:

$$\frac{\vdash A \quad \vdash A \to B}{\vdash B}$$

11. 写出公式 $(\neg A \wedge \neg B) \vee (\neg C \vee D)$ 的等价式，要求等价式中只出现联结词 $\neg$ 和 $\to$.

12. 下列命题中，哪些是永真式，哪些是矛盾式? 不要求判断过程.

(a) $(P \to (Q \to R)) \leftrightarrow ((P \wedge Q) \to R)$

(b) $((P \to R) \vee \neg R) \to (\neg(Q \to P) \wedge P)$

(c) $((P \vee Q) \to R) \leftrightarrow (R \to (P \wedge Q))$

(d) $P \to (\neg P \wedge Q \wedge R \wedge S)$

13. 证明 $A \to (\neg(S \wedge D) \to \neg B), A, \neg D \vdash \neg B$ 可证.

14. 证明 $\neg A \vee B, A \to (B \wedge C), D \to B \vdash B \vee C$ 不可证.

CHAPTER 2

第 二 讲

Boole代数

本讲介绍一种重要的代数结构，它是由英国数学家 G. Boole 在1847年建立的，后人称之为Boole 代数. 它对逻辑学、电路工程和计算机科学都产生了巨大的影响，成为这些科学的理论基础. Boole 代数与命题演算关系密切，可以说 Boole 代数是命题演算的代数表示.

定义2.1 设$(B,\leqslant)$为偏序集(poset)，$(B,\leqslant)$为 Boole 代数指$(B,\leqslant)$为有补分配格，从而$(B,\leqslant)$可记为$(B,\vee,\wedge,',0,1)$，这里$\vee$，$\wedge$和$'$分别为交、并和补运算，1为最大元且0为最小元.

命题2.2 设$(B,\leqslant)$ 为 Boole 代数，若$a\in B$，则a之补是唯一的.

证明: 设c,d为a之补，从而$a\vee c=a\vee d=1$，$a\wedge c=a\wedge d=0$，从而

$c=c\vee 0=c\vee(a\wedge d)=(c\vee a)\wedge(c\vee d)=1\wedge(c\vee d)=c\vee d.$

同理$d=c\wedge d$, 故$c=d$. □

由此命题知，在 Boole 代数中可以定义一元补运算（$'$）.

命题2.3 $(D_n,|)$为 Boole 代数$\Leftrightarrow n$呈形$p_1p_2\cdots p_k$，这里p_i皆为素数且互异.

这里$D_n = \{x|(x|n)$且$x \in N^+\}$，“|”为整除关系.

证明: (1) $(D_n, |)$为有界分配格.

D_n的最大元和最小元分别为n和1，D_n中的$\wedge, \vee$分别为gcd和lcm，易见gcd对lcm满足分配律，故$(D_n, |)$为有界分配格. (亦可证明$(D_n, |)$中无五星和钻石格，从而其为分配格.)

(2) $(D_n, |)$为 Boole 代数

$\Leftrightarrow D_n$为有补分配格

$\Leftrightarrow (\forall x \in D_n)(x$有补$)$

$\Leftrightarrow (\forall x \in D_n)(\exists y \in D_n)(lcm(x, y) = n \wedge gcd(x, y) = 1)$

$\Leftrightarrow (\forall x \in D_n)(\exists y \in D_n)(xy = n \wedge x$与$y$ 互素$)$

$\Leftrightarrow (\forall x \in D_n)((x, n/x) = 1)$

$\Leftrightarrow n$呈形$p_1 p_2 \cdots p_k$且p_i之间互异. □

例2.1

(1) $(\mathcal{P}(A), \cap, \cup, -, \varnothing, A)$为 Boole 代数，此类 Boole 代数称为幂代数，其势呈形2^{κ}.

(2) $\mathbb{N}$为自然数集，令$F(\mathbb{N}) = \{\ X \in \mathcal{P}(\mathbb{N}) | X$有穷或$\mathbb{N} - X$有穷$\}$，$(F(\mathbb{N}), \cap, \cup, -, \varnothing, A)$ 为 Boole 代数，称为$\mathbb{N}$之有穷-余有穷代数.易见

$$X, Y \in F(\mathbb{N}) \Rightarrow X \cup Y, X \cap Y \in F(\mathbb{N})$$

$$X \in F(\mathbb{N}) \Rightarrow \mathbb{N} - X \in F(\mathbb{N})$$

性质2.4 设$(B, \wedge, \vee, ', 0, 1)$为 Boole 代数.

$(L1)$ $a \wedge a = a$, $a \vee a = a$

$(L2)$ $a \wedge b = b \wedge a$, $a \vee b = b \vee a$

$(L3)$ $a \wedge (b \wedge c) = (a \wedge b) \wedge c$, $a \vee (b \vee c) = (a \vee b) \vee c$

$(L4)$ $a \vee (a \wedge b) = a$, $a \wedge (a \vee b) = a$

$(D1)$ $a \wedge (b \vee c) = (a \wedge b) \vee (a \wedge c)$

$(D2)$ $a \vee (b \wedge c) = (a \vee b) \wedge (a \vee c)$

$(B1)$ $a \wedge 0 = 0$, $a \vee 1 = 1$

$(B2)$ $a \wedge 1 = a$, $a \vee 0 = a$

$(C1)$ $a \wedge a' = 0$, $a \vee a' = 1$

$(C2)$ $0' = 1$, $1' = 0$

$(C3)$ $a'' = a$

$(M1)$ $(a \wedge b)' = a' \vee b'$

$(M2)$ $(a \vee b)' = a' \wedge b'$

$(P1)$ $a \leqslant b \Leftrightarrow a \wedge b = a \Leftrightarrow a \vee b = b$

$(P2)$ $a \leqslant b \Leftrightarrow a \wedge b' = 0 \Leftrightarrow b' \leqslant a' \Leftrightarrow a' \vee b = 1$

证明: $\because (B, \wedge, \vee, 0, 1)$为补界分配格$\therefore L1 \sim C1$成立

$(C2)$ $\because 0 \wedge 1 = 0, 0 \vee 1 = 1 \therefore 0$与$1$互补

$(C3)$ $\because a' \wedge a = 0, a' \vee a = 1 \therefore a'' = a$

$(M1 \sim M2)$ $\because (a \wedge b) \wedge (a' \vee b')$

$= (a \wedge b \wedge a') \vee (a \wedge b \wedge b')$（分配律）

$= (0 \wedge b) \vee (a \wedge 0) = 0$

$(a \wedge b) \vee (a' \vee b')$

$= (a \vee a' \vee b') \wedge (b \vee a' \vee b') = (a \vee 1) \wedge (b \vee 1) = 1$

$\therefore (M1)$ 成立. $(M2)$ 同理可证.

$(P1)$ $\because B$为格，$\therefore P1$成立.

$(P2)$ $\because a \leqslant b \Rightarrow a \wedge b = a \Rightarrow a \wedge b' = (a \wedge a') \vee (a \wedge b')$

$= a \wedge (a' \vee b') = a \wedge (a \wedge b)' = a \wedge a' = 0 \Rightarrow a \wedge b' = 0$

又$a \wedge b' = 0 \Rightarrow a \wedge b = (a \wedge b) \vee (a \wedge b') = a \wedge (b \vee b') = a$

$\therefore a \wedge b = a \Leftrightarrow a \wedge b' = 0$

又$a \wedge b' = 0 \Leftrightarrow (a \wedge b')' = 1$

$\Leftrightarrow a' \vee b'' = 1 \Leftrightarrow a' \vee b = 1$

$a \leqslant b \Leftrightarrow a \wedge b = a \Leftrightarrow a' \vee b' = a' \Leftrightarrow b' \leqslant a'$ □

定理2.5 设$(B, \wedge, \vee, ', 0, 1)$为代数结构，$\wedge, \vee, '$分别为$B$上的两个二元和一个一元运算，$0,1 \in B$，若$B$满足以上的$L1 \sim M2$，则$(B, \leqslant)$为 Boole 代数，这里“$\leqslant$”被定义为$x \leqslant y$指$x \wedge y = x$.

证明: 令$x \leqslant y$指$x \wedge y = x$.

由$L1 \sim L4$知，$(B, \leqslant)$为格. 由$D1 \sim D2$知，$(B, \leqslant)$为分配格. 由$B1 \sim B2$知，$(B, \leqslant)$为有界格. 由$C1 \sim C2$知，$(B, \leqslant)$为有补格. 因此$(B, \leqslant)$为 Boole 代数. □

事实上，当$(B, \wedge, \vee, ', 0, 1)$满足交换律$L2$、分配律$D1$，$B1$，$B2$和$C1$时，$B$ 为 Boole 代数. (留作习题.) 这样就得Boole代数的等价定义：$(B, \wedge, \vee, ', 0, 1)$被称为Boole代数指$B$满足$L2$，$D1$，$B1$，$B2$和$C1$.

定义2.6 设$(B, \wedge, \vee, ', 0, 1)$为 Boole 代数，若$S \subseteq B$且$S \neq \varnothing$ 且$0, 1 \in S$且$\wedge, \vee$和$'$对S封闭，则称$(S, \wedge, \vee, ', 0, 1)$ 为$(B, \wedge, \vee, ', 0, 1)$的子 Boole 代数，有时亦称$S$ 为B的子 Boole 代数.

例2.2

(1) $F(\mathbb{N})$为$P(\mathbb{N})$的子 Boole 代数.

(2) $D_{p1p2\cdots pk}$为$D_{p1p2\cdots pkpk+1\cdots pn}$的子 Boole 代数.

定义2.7 设$(B_1,\wedge_1,\vee_1,',0_1,1_1)$和$(B_2,\wedge_2,\vee_2,^{-1},0_2,1_2)$为 Boole 代数，$B_1$同构于$B_2$(记为$B_1\cong B_2$)指有$\Phi:B_1\to B_2$使$\Phi$为1-1&*onto*且$\Phi(x\wedge_1 y)=\Phi(x)\wedge_2\Phi(y),\Phi(x\vee_1 y)=\Phi(x)\vee_2\Phi(y),\Phi(x')=(\Phi(x))^{-1}$.

命题2.8 若$B_1\cong_\Phi B_2$，则$\Phi(0_1)=0_2,\Phi(1_1)=1_2$.

证明: $\because\ \Phi(0_1)=\Phi(x\wedge_1 x')=\Phi(x)\wedge_2(\Phi(x))^{-1}=0_2$

$\therefore\ \Phi(0_1)=0_2$

同理$\Phi(1_1)=1_2$ □

下面介绍一种重要的 Boole 代数.

命题2.9 令$n\in\mathbb{N}^+,B_n=\{x|x$为长度$n$的0-1序列$\}$，对任意$x,y\in B_n$，设$x=x_1\cdots x_n,y=y_1\cdots y_n$，这里$x_i,y_i\in\{0,1\},x\leqslant y$ 指$(\forall i\leqslant n)(x_i\leqslant y_i),(B_n,\leqslant)$ 为 Boole 代数.

证明: (1) $(B_n,\leqslant)$为格,

$\because\ x\wedge y=z_1\cdots z_n$，这里$z_i=\min(x_i,y_i),x\vee y=u_1\cdots u_n$，这里$u_i=\max(x_i,y_i)$

$\therefore$ 易见$(B_n,\wedge,\vee)$满足格的公理且满足分配律.

(2) $(B_n,\leqslant)$为 Boole 代数,

B_n的最大元为$(1)=1\cdots1(n$个$1)$，B_n的最小元为$(0)=0\cdots0(n$个$0)$

$x=x_1\cdots x_n,x$的补$x'=v_1\cdots v_n$

这里$v_i=1-x_i(i=1,\cdots,n)$，从而$(B_n,\wedge,\vee,',(0),(1))$为 Boole 代数. □

定理2.10 设$A=\{a_1,\cdots,a_n\}$，则幂代数$P(A)$同构于B_n.

证明: 定义$\Phi:P(A)\to B_n$如下:

$\forall X \in P(A), \Phi(X) = u = u_1 \cdots u_n$，这里

$$u_i = \begin{cases} 1, a_i \in X \\ 0, a_i \notin X \end{cases}$$

(1) Φ 为$1-1\&onto$

$\because\ \forall X, Y \in P(A)$，设$\Phi(X) = \Phi(Y) = u_1 \cdots u_n$，又 $a_i \in X \leftrightarrow u_i = 1 \leftrightarrow a_i \in Y$

$\therefore\ X = Y$，故$1 \neq 1$.

又若$v = v_1 \cdots v_n \in B_n$，则令$X = \{a_i \in A | v_i = 1 \wedge 1 \leqslant i \leqslant n\}$

从而$\Phi(X) = v$，故Φ为$onto$.

(2) Φ为同构映射，设$\Phi(X) = x_1 \cdots x_n, \Phi(Y) = y_1 \cdots y_n$，从而

(a) $\Phi(X \cap Y) = u_1 \cdots u_n \Leftrightarrow (\forall i)(u_i = 1 \Leftrightarrow a_i \in X \cap Y) \Leftrightarrow \forall i(u_i = 1 \Leftrightarrow a_i \in X \wedge a_i \in Y) \Leftrightarrow$ $\forall i(u_i = 1 \Leftrightarrow x_i = y_i = 1) \leftrightarrow \forall i(u_i = 1 \Leftrightarrow \min(x_i, y_i) = 1) \Leftrightarrow \Phi(X) \cap \Phi(Y) = u_1 \cdots u_n$.

(b) $\Phi(X^-) = \Phi(A - X) = u_1 \cdots u_n \Leftrightarrow (u_i = 1 \Leftrightarrow a_i \notin X) \leftrightarrow (u_i = 1 \Leftrightarrow x_i = 0) \Leftrightarrow \Phi(X^-) =$ $(\Phi(X))'$. □

命题2.11 若A等势于B，则幂代数$P(A)$同构于$P(B)$.

证明: $\because\ A \sim B \therefore$有$f: A \to B$使$f$为$1-1\&onto$.

令$\Phi: P(A) \to P(B)$如下：

对于$X \in P(A)$，$\Phi(X) = f[X]$，易见Φ为同构映射. □

定义2.12 设$(L, \wedge, \vee, ', 0, 1)$为Boole代数，$a \in L$为原子指$(\forall x \in L)(0 < x \leqslant a \Rightarrow x = a) \wedge a \neq 0$. $\mathrm{Atom}(a) = \{x \leqslant a | x$为原子$\}$.

例如，$(P(A), \subseteq)$中的原子呈形$\{a\}$.

命题2.13 设$(L, \wedge, \vee, ', 0, 1)$为 Boole 代数.

(1) 若a、b为原子，则$a \neq b \Rightarrow a \wedge b = 0$.

(2) a为原子$\Leftrightarrow (\forall x, y \in L)(x \vee y = a \Rightarrow (x = a \vee y = a))$.

(3) a为原子$\Rightarrow (a \leqslant x \vee y \Leftrightarrow a \leqslant x \vee a \leqslant y)$，从而$\mathrm{Atom}(x \vee y) = \mathrm{Atom}(x) \vee \mathrm{Atom}(y)$.

(4) a为原子$\Rightarrow (a \leqslant x \wedge y \Leftrightarrow a \leqslant x \wedge a \leqslant y)$，从而$\mathrm{Atom}(x \wedge y) = \mathrm{Atom}(x) \wedge \mathrm{Atom}(y)$.

证明: (1) 设$a \neq b$，反设$a \wedge b \neq 0$.

$\because 0 < (a \wedge b) \leqslant a$，又$a$为原子，$\therefore a \wedge b = a$

同理$a \wedge b = b$，从而$a = b$矛盾.

(2) “$\Rightarrow$”:设a为原子，若$x \vee y = a$，

则$x \leqslant a$，从而$x = 0$或$x = a$.

当$x = a$时即得$x = a \vee y = a$.

当$x = 0$时$a = (x \vee y) = 0 \vee y = y$，从而$x = a \vee y = a$.

“$\Leftarrow$”:设$(\forall x, y)(a = x \vee y \Rightarrow (x = a \vee y = a))$，反设$a$非原子，则有$0 < z < a$，从而

$a = a \wedge 1 = a \wedge (z \vee z') = (a \wedge z) \vee (a \wedge z') = z \vee (a \wedge z')$

故$a = z \vee (a \wedge z')$. $\because z < a \therefore a \neq z$，从而$a = a \wedge z'$.

因此$z = z \wedge a = z \wedge a \wedge z' = a \wedge (z \wedge z') = a \wedge 0 = 0$，矛盾!

(3)、(4)留作习题. □

命题2.14 设$(B, \wedge, \vee, ', 0, 1)$为有穷 Boole 代数，$(\forall a \in B)(a \neq 0 \to \mathrm{Atom}(a) \neq \varnothing)$，即非零元下有原子.

证明: 设$a \in B$且$a \neq 0$，反设$Atom(a) = \varnothing$，即$(\forall x \leqslant a)$(x非原子)

从而a非原子，故有x_1使$0 < x_1 < a$，由(*)知x_1非原子，从而有$0 < x_2 < x_1$，又由(*)知x_2非原子，如此下去，就得无穷下降键$a > x_1 > x_2 > \cdots$，与B 有穷矛盾! □

命题2.15 设$(B,\wedge,\vee,',0,1)$为有穷 Boole 代数，$a=\vee\mathrm{Atom}(a)$，即若$\mathrm{Atom}(a)=\{a_1,\cdots,a_n\}$，则$a=a_1\vee a_2\vee\cdots\vee a_n$.

证明: 令$P(n)$为命题“若$\{x|x\leqslant a\}$为n元集，则$a=\vee\mathrm{Atom}(a)$”. 下面由强数学归纳法证明$\forall nP(n)$，从而$a=\vee\mathrm{Atom}(a)$得证. 记号$n(a)=|\{x|x\leqslant a\}|$.

奠基: $a=0$，从而$\mathrm{Atom}(a)=\varnothing$，从而$\vee\mathrm{Atom}(a)=sup\{\varnothing\}=0$.

因此$a=\vee\mathrm{Atom}(a)$，即$P(1)$成立.

归纳假设: $\forall k<n,P(k)$

归纳步骤: 设$\{x|x\leqslant a\}$为n元集.

情况1: a为原子，从而$\mathrm{Atom}(a)=\{a\}$，因此$a=\vee\{a\}=\vee\mathrm{Atom}(a)$

情况2: a不为原子，从而由上面命题知，有$a_1,a_2\in L$，使$a=a_1\vee a_2\wedge a\neq a_1\wedge a\neq a_2$,

从而$a=a_1\vee a_2\wedge 0<a_1<a\wedge 0<a_2<a$

从而 $n(a_1),n(a_2)<n(a)$，因此由归纳假设知

$a_1=\vee\mathrm{Atom}(a_1),a_2=\vee\mathrm{Atom}(a_2)$，从而

$a=a_1\vee a_2=(\vee\mathrm{Atom}(a_1))\vee(\vee\mathrm{Atom}(a_2))$

$=\vee(\mathrm{Atom}(a_1)\cup\mathrm{Atom}(a_2))=\vee\mathrm{Atom}(a)$ □

定理2.16 设$(B,\wedge,\vee,',0,1)$为有穷 Boole 代数，若令$A=\{x\in B|x为原子\}$，则$(B,\wedge,\vee,',0,1)\cong(P(A),\cap,\cup,-,\varnothing,A)$.

证明: 令$\Phi:B\to A$如下: 对于$x\in B,\Phi(x)=\mathrm{Atom}(x)$.

(1) $\because B$有穷，$\therefore A$非空且有穷

(2) $\Phi(x\vee y)=\Phi(x)\cup\Phi(y)$

(3) $\Phi(x\wedge y)=\Phi(x)\cap\Phi(y)$

(2)和(3)由命题2.13中的 (3)、(4)即得.

(4) Φ为1-1

$\Phi(x)=\Phi(y)\to \mathrm{Atom}(x)=\mathrm{Atom}(y)\to \vee\mathrm{Atom}(x)=\vee\mathrm{Atom}(y)\to x=y$(利用命题)

(5) Φ为$onto$

令$X\subseteq A$，$\because X$有穷，$\therefore \vee X$存在且$\vee X\in B$

从而$\Phi(\vee X)=\mathrm{Atom}(\vee X)=X$

(6) $\Phi(x')=(\Phi(x))'$

易见$\Phi(0)=\varnothing,\Phi(1)=A$

$\because x\vee x'=1,x\wedge x'=0$

$\therefore \Phi(x)\cup\Phi(x')=\Phi(1)=A$，$\Phi(x)\cap\Phi(x')=\Phi(0)=\varnothing$，

$\therefore \Phi(x')=A-\Phi(x)$ □

以上定理是有穷 Boole 代数的表示定理，即任何有穷 Boole 代数同构于幂集代数.

推论2.17 (1) 有穷 Boole 代数之势呈形2^n. (2) 两个等势的有穷 Boole 代数是同构的.

问: 是否任何 Boole 代数皆同构于幂集代数?

答: 否. 反例为有穷一余有穷代数$F(\mathbb{N})$. 因为若$F(\mathbb{N})$同构于某幂集代数，则$F(\mathbb{N})$之势为$2^{\aleph_0}$，

但$F(\mathbb{N})$之势为$\aleph_0$，矛盾!

然而 Stone 教授给出以下著名结果，其类似于群论之 Cayley 定理.

Stone **表示定理**: 任何 Boole 代数皆同构于幂集代数之某子代数.

第二讲习题

1. 证明 $(F(\mathbb{N}), \cap, \cup, -, \varnothing, A)$为 Boole 代数.

2. 设$(B, \wedge, \vee, ', 0, 1)$为代数结构，$\wedge$，$\vee$为$B$上的二元运算，$'$为$B$上的一元运算，若定义$x \leqslant y$为$x \wedge y = x$ 且$(B, \wedge, \vee, ', 0, 1)$满足$L2$，$D1$，$B1$，$B2$和$C1$，则$(B, \wedge, \vee, ', 0, 1)$为Boole 代数.

3. 设$(B_1, \wedge_1, \vee_1, ', 0_1, 1_1)$和$(B_2, \wedge_2, \vee_2, ^{-1}, 0_2, 1_2)$为Boole代数，若$\Phi : B_1 \to B_2$满足$\Phi(x \wedge_1 y) = \Phi(x) \wedge_2 \Phi(y)$且$\Phi(x') = (\Phi(x))^{-1}$，则$\Phi(x \vee_1 y) = \Phi(x) \vee_2 \Phi(y)$.

4. 求$(B_n, \leqslant)$中的原子，并求$Atom(a)$，对于$a \in B_n$.

5. 证明命题2.13中的(3)和(4).

6. 设对于$A \in PROP$，$[A] = \{B | A \simeq B\}$，令$P = \{[A] | A \in PROP\}$，且$[A] \leqslant [B]$指$\vDash A \to B$，证明$(P, \leqslant)$为Boole 代数.

CHAPTER 3

第 三 讲

一阶逻辑的语言

在前面，我们介绍了命题逻辑，从本讲起我们介绍一阶逻辑，其中将引入谓词和量词等概念. 它是命题逻辑的扩展，具有很强的表达能力. 它由Frege教授首先提出，现已成为许多学科的理论基础.

定义3.1 一阶语言的字母表 (alphabet) 由以下两个集合组成:

(1) 逻辑符集合如下:

变元集 V : 可数无穷集 $V = \{x_0, x_1, \cdots, x_n, \cdots\}$

联结词: $\neg$, $\wedge$, $\vee$, $\rightarrow$

量词: $\forall$, $\exists$

等词: $\doteq$

辅助符: (,), . , ,

(2) 非逻辑符集合 $\mathscr{L}$ 其由以下组成:

(a) $\mathscr{L}_{\mathrm{c}}$ 由可数（包括0 个）常元符组成，$\mathscr{L}_{\mathrm{c}} = \{c_0, c_1, \cdots\}$.

(b) $\mathscr{L}_f$（函数集）由可数（包括0个）函数符组成，$\mathscr{L}_f = \{f_0, f_1, \cdots\}$，对每个函数符 f，赋予一个正整数 $\mu(f)$,这里 $\mu(f)$ 为 f 的元数(arity).

(c) $\mathscr{L}_P$（谓词集）由可数（包括0个）谓词符组成，$\mathscr{L}_P = \{P_0, P_1, \cdots\}$,对每个谓词符$P$赋予一个非负整数 $\mu(P)$，这里$\mu(P)$为 P 的元数.

注：

(1) 变元集的势为 $\aleph_0$.

事实上，依BNF，$V ::= v|V'$ 可定义 V.

(2) 联结词集：有些书籍（如 Hilbert 的书）只讨论某个完全子集，如 $\{\neg, \rightarrow\}$.

(3) $\doteq$ 是特别的常谓词. $\mathscr{L}_e$ 表示带 $\doteq$ 的一阶语言.

(4) 函数与谓词皆有元数. 对于谓词 P，当 $\mu(P) = 0$ 时，我们称 P 为命题符.

(5) 每个一阶语言的逻辑符集皆相同，不同的是一阶语言的非逻辑符号集合.

(6) 以后记 $\mathscr{L}$ 为 $\mathscr{L}_c \cup \mathscr{L}_f \cup \mathscr{L}_P$.

例3.1 初等算术语言 $\mathscr{A}$：

(1) 常元符集为 $\{\, 0 \,\}$.

(2) 函数符集为 $\{\, S, +, \cdot \,\}$.

(3) 谓词符集为 $\{\, < \,\}$.

例3.2 群论语言 $\mathfrak{G}$：

(1) 常元符集为 $\{\, e \,\}$.

(2) 函数符集为 $\{\, \cdot$（二元）, $^{-1}$（一元）$\}$.

定义3.2 (项的定义).

(1) 归纳定义法：

(a) 每个变元符为项.

(b) 每个常元符为项.

(c) 若 f 为 n 元函数符，$t_1, t_2, \cdots, t_n$ 为项，则 $f(t_1, \cdots, t_n)$ 为项.

(d) 项仅限于此.

(2) 闭包定义法:

全体项的集合 T 为满足以下条件的最小集合:

(a) $V \subseteq T$.

(b) $\mathscr{L}_c \subseteq T$.

(c) 若 f 为 n 元函数，$t_1, t_2, \cdots, t_n \in T$，则 $f(t_1, t_2, \cdots, t_n) \in T$.

定义3.3 (公式的定义)

(1) 归纳定义法:

(a) 若 s 和 t 为项，则 $(s \doteq t)$ 为公式.

(b) 若 R 为 n 元谓词符，并且 $t_1, t_2, \cdots, t_n$ 为项，则 $R(t_1, t_2, \cdots, t_n)$为公式.

(c) 若 A 为公式，则 $(\neg A)$ 为公式.

(d) 若 A, B 为公式，则 $(A * B)$ 为公式，这里 $* \in \{\wedge, \vee, \rightarrow\}$.

(e) 若 A, B 为公式且 x 为变元，则 $\forall x.A$ 和 $\exists x.B$ 为公式.

(f) 公式仅限于此.

仅由(a)和(b)所得到的公式被称为原子公式 (atomic formula).

(2) 闭包定义法:

全体公式的集合 F 为满足以下条件的最小集合:

(a) 若 $s, t \in T$，则 $(s \doteq t) \in F$.

(b) 若 R 为 n 元谓词，且 $t_1, t_2, \cdots, t_n \in T$，则 $R(t_1, t_2, \cdots, t_n) \in F$.

(c) 若 $A, B \in F$，则 $(\neg A), (A * B) \in F$，这里 $* \in \{\wedge, \vee, \rightarrow\}$.

(d) 若 $A \in F$ 且 $x \in V$，则 $(Qx.A) \in F$，这里 $Q \in \{\forall, \exists\}$.

一些基本公式及量词的读法如表3-1所示.

表3-1 基本公式及量词的读法

$\neg A$	$A \wedge B$	$A \vee B$	$A \rightarrow B$	$\forall$	$\exists$
not A	A and B	A or B	A implies B	for all	for some
Negation of A	Conjunction of A and B	Disjunction of A and B	Implication A and B		

例3.3 群论语言 $\mathfrak{G}$ 的项和公式 $\mathfrak{G} = \{e, \cdot, ^{-1}\}$. 例如，$x \cdot e$、,$x \cdot (x \cdot e)$、$(x^{-1})^{-1} \cdot e$ 为项. 群论公理可非形式化地表达为:

结合律 $\forall x \forall y \forall z.(x \cdot (y \cdot z) = (x \cdot y) \cdot z)$

幺公理 $\forall x.(x \cdot e = e \cdot x = x)$

逆公理 $\forall x.(x \cdot x^{-1} = x^{-1} \cdot x = e)$

形式地，

$$\mathfrak{G} \triangleq \{e\text{（常元）}, m\text{（二元函数）}, i\text{（一元函数）}\}$$

(1) 结合律

$\forall x.(\forall y.(\forall z.(m(x, m(y, z)) \doteq m(m(x, y), z))))$

(2) 幺公理

$\forall x.(m(x, e) \doteq x \wedge m(e, x) \doteq x)$

(3) 逆公理

$\forall x.(m(x, i(x)) \doteq e \wedge m(i(x), x) \doteq e)$

定义3.4 (项的自由变元). 设 t 为项，对 t 的结构归纳定义 $FV(t)$ 如下:

(1) $FV(x) = \{x\}$，这里 $x \in V$.

(2) $FV(c) = \emptyset$，这里 $c \in \mathscr{L}_c$.

(3) $FV(f(t_1, t_2, \cdots, t_n)) = \bigcup\limits_{i=1}^{n} FV(t_i)$，这里 f 为 n 元函数.

x 为 t 的自由变元指 $x \in FV(t)$，t 为闭项指 $FV(t) = \emptyset$.

定义3.5 (公式的自由变元). 设 A 为公式，对 A 的结构归纳定义 $FV(A)$ 如下:

(1) $FV(t_1 \doteq t_2) = FV(t_1) \cup FV(t_2)$.

(2) $FV(P(t_1, t_2, \cdots, t_n)) = \bigcup\limits_{i=1}^{n} FV(t_i)$.

(3) $FV(\neg A) = FV(A)$.

(4) $FV(A*B)=FV(A)\cup FV(B)$，这里 $*\in\{\vee,\wedge,\to\}$.

(5) $FV(QxA)=FV(A)-\{x\}$，这里 $Q\in\{\forall,\exists\}$.

x 为 A 的自由变元指 $x\in FV(A)$，A 为句子指 $FV(A)=\emptyset$.

例3.4 设公式 A 为

$$\exists x((P(x,\underbrace{y}_{y\text{第一个出现自由}})\wedge\forall\underbrace{y}_{y\text{第二个出现约束}}R(x,\underbrace{y}_{y\text{第三个出现约束}}))\to Q(x,z))$$

这里

(1) 定义在 A 中 x 的第 i 个出现是约束的 (bounded) 指存在 A 的子公式 $Qx.B$ 使 A 中 x 的第 i 个出现在 $Qx.B$ 中. 在 A 中 x 的第 i 个出现是自由的指它不是约束的.

(2) 一个变元可以既有自由出现，又有约束出现.

定义3.6 (项的替换). 设 s 和 t 为项，x 为变元，对 s 的结构作归纳定义 $s[\frac{t}{x}]$ 如下:

(1) $x[\frac{t}{x}]=t$.

(2) $y[\frac{t}{x}]=y$，这里 y 为异于 x 的变元.

(3) $c[\frac{t}{x}]=c$，这里 c 为常元.

(4) $f(t_1,\cdots,t_n)[\frac{t}{x}]=f(t_1[\frac{t}{x}],\cdots,t_n[\frac{t}{x}])$.

定义3.7 (公式的替换). 设 A 为公式，t 为项，x 为变元，对 A 的结构作归纳定义 $A[\frac{t}{x}]$ 如下:

(1) $(t_1\doteq t_2)[\frac{t}{x}]=(t_1[\frac{t}{x}]\doteq t_2[\frac{t}{x}])$.

(2) $R(t_1,\cdots,t_n)[\frac{t}{x}]=R(t_1[\frac{t}{x}],\cdots,t_n[\frac{t}{x}])$.

(3) $(\neg A)[\frac{t}{x}]=\neg(A[\frac{t}{x}])$.

(4) $(A*B)[\frac{t}{x}]=(A[\frac{t}{x}])*(B[\frac{t}{x}])$, 这里 $*\in\{\wedge,\vee,\to\}$.

(5) $(Qx.A)[\frac{t}{x}]=Qx.A$, 这里 $Q\in\{\forall,\exists\}$.

(6) $(Qy.A)[\frac{t}{x}]=Qy.(A[\frac{t}{x}])$, 若 y为异于 x 的变元且 $y\notin FV(t)$. 这里 $Q\in\{\forall,\exists\}$.

(7) $(Qy.A)[\frac{t}{x}]=Qz.(A[\frac{z}{y}][\frac{t}{x}])$, 若 y 为异于 x 的变元且 $y\in FV(t)$.

这里 $Q \in \{\forall, \exists\}$，$z$ 为满足 $z \notin FV(t)$ 且 z 不出现于 A 中的足标最小的变元.

注:

(1) 改名把 $\forall x A$ 改为$\forall y.A[\frac{y}{x}]$，这里$y \notin FV(A)$.

(2) 先改名后替代.

(3) 替代不改变约束关系.

(4) 盲目替代会出错.

(5) 定义3.7中(7)的 z 为新变元.

定义3.8 (结构(Structure)). 设$\mathscr{L}$ 为一阶语言，$\mathscr{L}$的一个结构$\mathbb{M}$ 为二元组(M, I)，这里

(1) M 为非空集，称为论域(domain).

(2) I 为定义域为$\mathscr{L}$ 的映射，其满足：

(a) 对任何$\mathscr{L}$的常元c，$I(c) \in M$.

(b) 对任何$\mathscr{L}$的n元$(n > 0)$ 函数 f，$I(f) : M^n \to M$.

(c) 对任何$\mathscr{L}$的0 元谓词P，$I(P) \in \mathbf{B} = \{\mathrm{T}, \mathrm{F}\}$.

(d) 对任何$\mathscr{L}$的n 元$(n > 0)$ 谓词P，$I(P) \subseteq M^n$.

约定：c_M表示$I(c)$, f_M表示$I(f)$且P_M表示$I(P)$.

$\mathscr{L}$的结构对$\mathscr{L}$的元素给出解释.

例3.5 对于$\mathscr{A}$，令$\mathbb{N} = (\mathrm{N}, I)$，$N = \{0, 1, 2, \cdots\}$，$I(0) = 0$，$I(S) = suc$，$I(+) = +$，$I(\cdot) = *$，$I(<) =<$，称$(\mathrm{N}, I)$ 为初等算术的标准模型.

定义3.9 设$V = \{x_0, x_1, \cdots, x_n, \cdots | n \in \mathbb{N}\}$ 为一阶语言$\mathscr{L}$的变元集，$\mathbb{M}$为一个$\mathscr{L}-$结构.

(1) 一个M上的赋值σ为从V到M 的映射，即$\sigma : V \to M$.

(2) $\mathscr{L}$的一个模型为二元组(M, σ)，这里M为$\mathscr{L}-$结构且σ为M 上的赋值.

例3.6 （$\mathscr{A}$之模型） 对上面的$\mathbb{N} = (\mathrm{N}, I)$，令$\sigma(x_n) = n$，$(\mathrm{N}, \sigma)$为$\mathscr{A}$之模型.

记号：$\sigma[x_i := a]$定义如下: $(\sigma[x_i := a])(x_j) = \begin{cases} \sigma(x_j), if\ i \neq j \\ a, if\ i = j \end{cases}$

定义3.10 (项的解释). 设(M,σ)为一个$\mathscr{L}$–模型，t为项，项t 的解释$t_{M[\sigma]}$归纳定义如下:

(1) $x_{M[\sigma]}=\sigma(x)$，这里$x\in V$.

(2) $c_{M[\sigma]}=c_M$，这里$c\in\mathscr{L}_c$.

(3) $(f(t_1,\cdots,t_n))_{M[\sigma]}=f_M((t_1)_{M[\sigma]},\cdots,(t_n)_{M[\sigma]})$.

易见

引理3.11 $t_{M[\sigma]}\in M$

例3.7 对上面的模型(N,σ)，求$(+(x_1,S(x_7)))_{N[\sigma]}$.

解: $(+(x_1,S(x_7)))_{N[\sigma]}$

$=(x_1)_{N[\sigma]}+(S(x_7))_{N[\sigma]}$

$=\sigma(x_1)+suc(\sigma(x_7))$

$=1+suc(7)=1+(7+1)=9$ □

上面把命题P解释为$\mathbf{B}=\{\mathrm{T},\mathrm{F}\}$中的元素，这里我们承认古典逻辑中的排中律.

我们把联结词解释为$\mathbf{B}$上的函数.

(1) 对$\neg$的解释$B_\neg:\mathbf{B}\to\mathbf{B}$:

X	T	F
$B_\neg(X)$	F	T

(2) 对$\wedge$的解释$B_\wedge$:

X	Y	$B_\wedge X,Y$
T	T	T
T	F	F
F	T	F
F	F	F

或

$\neg$	T	F
T	T	F
F	F	F

(3) 对$\vee$的解释$B_\vee$:

X	Y	$B_\vee(X,Y)$
T	T	T
T	F	T
F	T	T
F	F	F

或

$\vee$	T	F
T	T	T
F	T	F

(4) 对$\to$ 的解释$B_{\to}$:

X	Y	$B_{\to}(X,Y)$
T	T	T
T	F	F
F	T	T
F	F	T

或

$\to$	T	F
T	T	F
F	T	T

这些解释与命题逻辑中的语义是一致的.

定义3.12 (公式的解释). 设(M,σ)为一个$\mathscr{L}$−模型，A为公式，公式A的解释$A_{M[\sigma]}$归纳定义如下:

(1) $(P(t_1,\cdots,t_n))_{M[\sigma]}=\begin{cases}\text{T, 若}\langle(t_1)_{M[\sigma]},\cdots,(t_n)_{M[\sigma]}\rangle\in P_M;\\ \text{F, 若}\langle(t_1)_{M[\sigma]},\cdots,(t_n)_{M[\sigma]}\rangle\notin P_M.\end{cases}$

(2) $(t_1\doteq t_2)_{M[\sigma]}=\begin{cases}\text{T, 若}(t_1)_{M[\sigma]}=(t_2)_{M[\sigma]};\\ \text{F, 否则}.\end{cases}$

(3) $(\neg A)_{M[\sigma]}=\mathbf{B}_{\neg}(A_{M[\sigma]})$.

(4) $(A*B)_{M[\sigma]}=\mathbf{B}_{*}(A_{M[\sigma]},B_{M[\sigma]})$，这里$*\in\{\wedge,\vee,\to\}$.

(5) $(\forall x.A)_{M[\sigma]}=\begin{cases}\text{T, 若对所有}a\in M A_{M[\sigma[x:=a]]}=\text{T};\\ \text{F, 否则}.\end{cases}$

(6) $(\exists x.A)_{M[\sigma]}=\begin{cases}\text{T,若对某个}a\in M A_{M[\sigma[x:=a]]}=\text{T};\\ \text{F,否则}.\end{cases}$

易见

引理3.13 对任何公式A, $A_{M[\sigma]}\in\{\text{T},\text{F}\}$.

定义3.14 设$\mathscr{L}$为一阶语言，A为$\mathscr{L}$−公式，Γ为$\mathscr{L}$−公式集，(M,σ)为$\mathscr{L}$−模型.

(1) A对于(M,σ)可满足(satisfiable)，记为$M\models_{\sigma}A$，指$A_{M[\sigma]}=\text{T}$.

(2) A可满足指存在(M,σ)使$M\models_{\sigma}A$.

(3) $M \models A$指$M \models_\sigma A$对任何M上的σ 成立.

(4) Γ对于(M,σ)可满足，记为$M \models_\sigma \Gamma$，指$M \models_\sigma A$对任何$A \in \Gamma$ 成立.

(5) Γ可满足指存在(M,σ) 使$M \models_\sigma \Gamma$.

(6) $M \models \Gamma$指$M \models_\sigma \Gamma$对任何M上的σ成立.

(7) A 永真((valid)，记为$\models A$，指对任何模型(M,σ)有$M \models_\sigma A$.

(8) Γ永真,记为$\models \Gamma$，指对任何模型(M,σ)有$M \models_\sigma \Gamma$.

(9) A 为Γ的语义结论，记为$\Gamma \models A$，指对于任何模型(M,σ)，若$M \models_\sigma \Gamma$，则$M \models_\sigma A$.

例3.8 (形式逻辑基本定律).

(1) (排中律) $\models A \vee \neg A$

(2) (矛盾律) $\models \neg(A \wedge \neg A)$

(3) (同一律) $\models (\forall x(x \doteq x))$

引理3.15 若$\Gamma \models A$，则$\Gamma \cup \{\neg A\}$不可满足

下面介绍$\mathscr{L}$ 语法对象的 Gödel 编码.

定义3.16 设 $\mathbb{N}$ 为自然数集， $a_0, \cdots, a_n \in \mathbb{N}$. 令$\langle a_0, \cdots, a_n \rangle \triangleq \prod_{i=0}^{n} P_i^{a_i}$，这里$P_i$为第$i$个素数，例如， $P_0 = 2, P_1 = 3, \cdots$

命题3.17 设$a_0, \cdots, a_n$, $b_0, \cdots, b_m \in \mathbb{N}$.

若

$$\langle a_0, \cdots, a_n \rangle = \langle b_0, \cdots, b_m \rangle$$

则

$$n = m \text{ 且 } (\forall i \leqslant n)(a_i = b_i)$$

证明: 由算术基本定理即得. □

定义3.18 函数 $ep:\mathbb{N}^2\to\mathbb{N}$ 如下:

$ep(x,n)\triangleq x$的素因子分解式中P_n的幂次,

设 $x=2^2\cdot 3\cdot 11$, $ep(x,0)=2$, $ep(x,1)=1$, $ep(x,2)=0$, $ep(x,4)=1$.

约定: $ep(x,n)$ 简记为$ep_n(x)$.

命题3.19 $ep_i\langle a_0,\cdots,a_n\rangle=a_i(i\leqslant n)$.

定义3.20 设一阶语言$\mathscr{L}$由以下组成:

(1) 逻辑符:

$V\triangleq\{\,x_n|n\in\mathbb{N}\,\}$;

$C\triangleq\{\,\neg,\vee,\wedge,\to\}$; $Q\triangleq\{\,\forall,\exists\,\}$;

$E\triangleq\{\,\doteq\}$; $P\triangleq\{\,(,),\cdot\,\}$

(2) 非逻辑符:

$\mathscr{L}_f=\{f_{ij}|i\in\mathbb{N}$ 且 $j\in I_i\}$

这里i为f_{ij}的元数,I_i呈形$\{0,\cdots,k\}$或$\mathbb{N}$.

注意:当$i=0$时,f_{0j}为常元符.

$\mathscr{L}_P=\{P_{ij}|i\in\mathbb{N}$ 且 $j\in J_i\}$,这里i为P_{ij}的元数,J_i呈形$\{0,\cdots,k\}$或$\mathbb{N}$.

注意:当$i=0$时,P_{0j}为命题符.

定义3.21 (Gödel码). 设X为$\mathscr{L}$的符号、项或公式,以下定义X的Gödel 码$\sharp X$:

(1) 逻辑符:$\sharp(x_n)=\langle 0,n\rangle$,$\sharp(\neg)=\langle 1,0\rangle$,$\sharp(\wedge)=\langle 1,1\rangle$,$\sharp(\vee)=\langle 1,2\rangle$,$\sharp(\to)=\langle 1,3\rangle$,$\sharp(\forall)=\langle 2,0\rangle$,$\sharp(\exists)=\langle 2,1\rangle$,$\sharp(\doteq)=\langle 3,0\rangle$,$\sharp(()=\langle 4,0\rangle$,$\sharp())=\langle 4,1\rangle$,$\sharp(\cdot)=\langle 4,2\rangle$, $\sharp(,)=\langle 4,3\rangle$.

(2) 非逻辑符:$\sharp(f_{ij})=\langle 5,i,j\rangle$,对所有 $i\in\mathbb{N}$ 且 $j\in I_i$;$\sharp(P_{ij})=\langle 6,i,j\rangle$,对所有 $i\in\mathbb{N}$ 且 $j\in J_i$.

(3) 项.对项t的结构作归纳定义$\sharp t$如下:

(a) t为个体变元或常元时, $\sharp t$ 已被定义.

(b) 设t为$f_{i,j}(t_1,\cdots,t_i)$,

$$\sharp(t)=\langle\sharp f_{ij},\sharp t_1,\cdots,\sharp t_i\rangle$$

特别地，$\sharp(f_{0,j})$已被定义.

(4) 公式. 对公式A的结构归纳定义$\sharp A$如下:

(a) $\sharp(t\doteq s)=\langle\sharp(\doteq),\sharp t,\sharp s\rangle$

(b) $\sharp(P_{ij}(t_1,\cdots,t_i)=\langle\sharp(P_{ij}),\sharp t_1,\cdots,\sharp t_i\rangle)$

特别地，$\sharp(P_{0,j})$已被定义.

(c) $\sharp(\neg A)=\langle\sharp(\neg),\sharp A\rangle$

$\sharp(A*B)=\langle\sharp(*),\sharp A,\sharp B\rangle$

这里$*\in\{\wedge,\vee,\rightarrow\}$

(d) $\sharp(\forall x.A)=\langle\sharp(\forall),\sharp(x),\sharp(\cdot),\sharp A\rangle$

$\sharp(\exists x.A)=\langle\sharp(\exists),\sharp(x),\sharp(\cdot),\sharp A\rangle$

定理3.22 $\mathscr{L}$中的符号、项和公式皆赋予唯一的数，即它的Gödel 码，且从Gödel 码能够能行地找出原来的$\mathscr{L}$的语法对象.

证明留作习题.

下面给出重要的替换引理.

设(M,σ)为一阶语言$\mathscr{L}\neq$模型，t，s为$\mathscr{L}\neq$项，A 为$\mathscr{L}$公式.

引理3.23 $(t[\frac{s}{x}])_{M[\sigma]}=t_{M[\sigma[x:=s_{M[\sigma]}]]}$.

证明: 对t的结构归纳证明$LHS=RHS$如下:

t	LHS	RHS
x	$s_{M[\sigma]}$	$s_{M[\sigma]}$
$y(\not\equiv x)$	$\sigma(y)$	$\sigma(y)$
c	c_M	c_M
$f(u)$	$(f(u)[\frac{s}{x}])_{M[\sigma]}$ $= f_M((u[\frac{s}{x}])_{M[\sigma]})$ $= f_M(u_{M[\sigma[x:=s_{M[\sigma]}]]})$	$(f(u))_{M[\sigma[x:=s_{M[\sigma]}]]}$ $= f_M(u_{M[\sigma[x:=s_{M[\sigma]}]]})$
$f(t_1, t_2, \cdots, t_n)$同理		

□

引理3.24 $(A[\frac{t}{x}])_{M[\sigma]} = A_{M[\sigma[x:=t_{M[\sigma]}]]}$.

证明: 令ρ为$\sigma[x := t_{M[\sigma]}]$，欲证$(A[\frac{t}{x}])_{M[\sigma]} = A_{M[\rho]}$，只需证

$$M \models_\sigma A[\frac{t}{x}] \text{ iff } M \models_\rho A \tag{$*$}$$

下面对A的结构作归纳证明$(*)$.

当A为原子公式时，

情况1: A为$u \doteq v$，这里$u, v \in T$.

$M \models_\rho A[\frac{t}{x}]$ iff $M \models_\sigma u[\frac{t}{x}] \doteq v[\frac{t}{x}]$

iff $(u[\frac{t}{x}])_{M[\sigma]} = (v[\frac{t}{x}])_{M[\sigma]}$

iff $u_{M[\rho]} = v_{M[\rho]}$ (引理3.23)

iff $M \models_\rho u \doteq v$ iff $M \models_\rho A$.

情况2: A为$P(t_1, \cdots, t_n)$.

$M \models_\sigma A[\frac{t}{x}]$

iff $M \models_\sigma P(t_1[\frac{t}{x}], \cdots, t_n[\frac{t}{x}])$

iff $(t_1)[\frac{t}{x}])_{M[\sigma]}, \cdots, (\frac{t_1}{t_n}[\frac{t}{x}])_{M[\sigma]}) \in P_M$

iff $((t_1)_{M[\rho]}, \cdots, (\frac{t_1}{t_n})_{M[\rho]}) \in P_M$ (引理3.23)

iff $M \models_\rho P(t_1, \cdots, t_n)$.

当A为复合公式时，

情况3： A为$\neg B$.

$M \models_\sigma A[\frac{t}{x}]$

iff $M \models_\sigma \neg(B[\frac{t}{x}])$

iff 非$M \models_\sigma B[\frac{t}{x}]$

iff 非$M \models_\rho B$(I.H.)

iff $M \models_\rho \neg B$

iff $M \models_\rho A$.

情况4： A为$B \wedge C$.

$M \models_\sigma A[\frac{t}{x}]$

iff $M \models_\sigma (B[\frac{t}{x}]) \wedge (C[\frac{t}{x}])$

iff $M \models_\sigma B[\frac{t}{x}]$ and $M \models_\sigma C[\frac{t}{x}]$

iff $M \models_\rho B$ and $M \models_\rho C$(I.H.)

iff $M \models_\rho B \wedge C$

iff $M \models_\rho A$.

这里利用$M \models_\sigma (A \wedge B)$ iff ($M \models_\sigma A$ and $M \models_\sigma B$).

情况5： A为$B \vee C, B \to C$，同理可证.

情况6： A为$\forall y.B$.

子情况6.1 $y \equiv x$，有$\{\sigma[x := a] | a \in M\} = \{\rho[x := a] | a \in M\}$.

$M \models_\sigma A[\frac{t}{x}]$

iff $M \models_\sigma \forall x.B$ iff $(\forall x.B)_{M[\sigma]} = \mathrm{T}$

iff $B_{M[\sigma[x:=a]]} = \mathrm{T}$ 对所有 $a \in M$成立

iff $B_{M[\rho[x:=a]]} = \mathrm{T}$ 对所有 $a \in M$成立

iff $M \models_\rho \forall x.B$ iff $M \models_\rho A$.

子情况6.2 $y \not\equiv x$且$y \notin FV(t)$,

$M \models_\sigma A[\frac{t}{x}]$

iff $M \models_\sigma (\forall y.B)[\frac{t}{x}]$

iff $M \models_\sigma \forall y.(B[\frac{t}{x}])$

iff $M \models_{\sigma[y:=a]} B[\frac{t}{x}]$ for all $a \in M$

iff $M \models_{\sigma[y:=a][x:=t_{M[\sigma[y:=a]]}]} B$ 对所有 $a \in M$成立(I.H.)

iff $M \models_{\sigma[y:=a][x:=t_{M[\sigma]}]} B$ 对所有 $a \in M$成立(因为 $y \notin FV(t)$)

iff $M \models_{\sigma[x:=t_{M[\sigma]}][y:=a]} B$ 对所有 $a \in M$成立(因为 $y \neq x$)

iff $M \models_{\rho[y:=a]} B$ 对所有 $a \in M$成立.

iff $M \models_\rho \forall y.B$

iff $M \models_\rho A$.

子情况6.3 $y \not\equiv x$且$y \in FV(t)$，设z为新变元，

$A[\frac{t}{x}] \equiv (\forall y.B)[\frac{t}{x}] \equiv (\forall z.B[\frac{z}{y}])[\frac{t}{x}] \equiv \forall z.B[\frac{z}{y}][\frac{t}{x}]$

$M \models_\sigma A[\frac{t}{x}]$

iff $M \models_\sigma (\forall z.B[\frac{z}{y}])[\frac{t}{x}]$

iff $M \models_\rho \forall z.B[\frac{z}{y}]$(子情况6.2)

iff $M \models_{\rho[z:=a]} B[\frac{z}{y}]$ 对所有 $a \in M$成立

iff $M \models_{\rho[y:=a]} B$ 对所有 $a \in M$成立

iff $M \models_\rho \forall y.B$.

情况7: A为$\exists y.B$ 与 情况6同理可证. □

定义3.25 设 $\mathscr{L}$ 为一阶语言，Ψ 为 $\mathscr{L}$ 的公式集，令 T 为全体 $\mathscr{L}$ 项之集.Ψ 为 Hintikka 集指:

1. 若公式A为原子的，则A和$\neg A$不能都属于Ψ.

2. 若$\neg\neg A \in \Psi$,则$A \in \Psi$.

3. 若$A \to B \in \Psi$，则$\neg A \in \Psi$或$B \in \Psi$.

4. 若$\neg(A \to B) \in \Psi$，则$A \in \Psi$或$\neg B \in \Psi$.

5. 若$A \wedge B \in \Psi$，则$A \in \Psi$且$B \in \Psi$.

6. 若$\neg(A \wedge B) \in \Psi$，则$\neg A \in \Psi$或$\neg B \in \Psi$.

7. 若$A \vee B \in \Psi$，则$A \in \Psi$或$B \in \Psi$.

8. 若$\neg(A \vee B) \in \Psi$，则$\neg A \in \Psi$且$\neg B \in \Psi$.

9. 若$\forall x.A \in \Psi$，则对所有$t \in T$，$A[\frac{t}{x}] \in \Psi$.

10. 若$\neg\forall x.A \in \Psi$，则对某个$t \in T$，$\neg A[\frac{t}{x}] \in \Psi$.

11. 若$\exists x.A \in \Psi$，则对某个$t \in T$，$A[\frac{t}{x}] \in \Psi$.

12. 若$\neg\exists x.A \in \Psi$，则对所有$t \in T$，$\neg A[\frac{t}{x}] \in \Psi$.

13. $t \doteq t \in \Psi$.

14. $t \doteq s \to s \doteq t \in \Psi$.

15. $t \doteq s \to (s \doteq u \to t \doteq u) \in \Psi$.

16. 若f为n元函数，$t_1, \cdots, t_n$，$s_1, \cdots, s_n$为项，则

$$(\wedge_{i=1}^{n} t_i \doteq s_i) \to f(\overrightarrow{t}) \doteq f(\overrightarrow{s}) \in \Psi$$

17. 若p为n元谓词，$t_1, \cdots, t_n$，$s_1, \cdots, s_n$为项，则

$$\overrightarrow{t} = \overrightarrow{s} \to (p(\overrightarrow{t}) \to p(\overrightarrow{s})) \in \Psi$$

定理3.26 若Ψ为Hintikka集，则Ψ可满足.

下面我们来证明该定理.

定义3.27 定义T上的二元关系“$\sim$”如下:

$$s \sim t \text{指} s \doteq t \in \Psi$$

命题3.28 $\sim$为等价关系.(证明留作习题.)

定义3.29 设$t \in T$，令$[t]$为t关于$\sim$的等价类，从而$[s] = [t]$ iff $s \sim t$.

引理3.30 设$[t_i] = [s_i] (i = 1, 2, \cdots, n)$，则

1. 对任何n元函数f，$[f(\overrightarrow{t})] = [f(\overrightarrow{s})]$.

2. 对任何n元谓词p，若$p(\overrightarrow{t}) \in \Psi$，则$p(\overrightarrow{s}) \in \Psi$.

证明: 由定义直接证明.

1. 设$t \sim s$且f为一元函数，欲证$f(t) \sim f(s)$，即$f(t) \doteq f(s) \in \Psi$.

   $\because\ t \doteq s \in \Psi$且$t \doteq s \to f(t) \doteq f(s) \in \Psi$

   $\therefore\ f(t) \doteq f(s) \in \Psi$

   n元函数同理可证.

2. 与1同理. □

定义3.31 模型$\mathbb{H} = (H, \sigma)$定义如下：$H = \{[t] \mid t$为$\mathscr{L}$之项$\}$.

1. c为常元，$c_H = [c]$.
2. f为n元函数，$f_H([t_1], \cdots, [t_n]) = [f(t_1, \cdots, t_n)]$.
3. p为n元谓词，$p_H([t_1], \cdots, [t_n])$真 iff $p(t_1, \cdots, t_n) \in \Psi$，即$p_H = \{< [t_1], \cdots, [t_n] >$ $\mid p(t_1, \cdots, t_n) \in \Psi\}$.
4. $\sigma(x) = [x]$，当x为变元.

引理3.32 对任何t，$t_{H[\sigma]} = [t]$.

证明: 对t的结构归纳即可. □

引理3.33 $H \models_\sigma \Psi$，即Ψ可满足.

证明: 对公式A的结构作归纳证明:

(a) 若$A \in \Psi$，则$A_{H[\sigma]}$ =T.

(b) 若$\neg A \in \Psi$，则$A_{H[\sigma]}$ =F.

情况A:

1) A为$p(t)$(p为n元时同理可证).

$\because A \in \Psi \Rightarrow p(t) \in \Psi \Rightarrow p_H([t])$真$\Rightarrow [p(t)]_{H[\sigma]} = \mathrm{T}$ $\therefore$(a) 成立.

$\because \neg A \in \Psi \Rightarrow p(t) \notin \Psi \Rightarrow p_H([t])$ 假$\Rightarrow [p(t)]_{H[\sigma]} = \mathrm{F}$ $\therefore$ (b) 成立.

2) A为$s \doteq t$.

$\because s \doteq t \in \Psi \Rightarrow [s]=[t] \Rightarrow s_{H[\sigma]}=t_{H[\sigma]} \Rightarrow (s \doteq t)_{H[\sigma]}=\mathrm{T} \quad \therefore$ (a) 成立.

$\because \neg(s \doteq t) \in \Psi \Rightarrow (s \doteq t) \notin \Psi \Rightarrow [s] \neq [t] \Rightarrow s_{H[\sigma]} \neq t_{H[\sigma]}$

$\Rightarrow (\neg s \doteq t)_{H[\sigma]}=\mathrm{T} \quad \therefore$ (b) 成立.

情况 $\neg$: A为$\neg B$.

$A \in \Psi \Rightarrow \neg B \in \Psi \Rightarrow [B]_{H[\sigma]}=\mathrm{F} \Rightarrow [A]_{H[\sigma]}=\mathrm{T}$.

$\neg A \in \Psi \Rightarrow \neg\neg B \in \Psi \Rightarrow B \in \Psi \Rightarrow [B]_{H[\sigma]}=\mathrm{T} \Rightarrow [A]_{H[\sigma]}=\mathrm{F}$.

情况$\wedge$: A为$B \wedge C$.

$B \wedge C \in \Psi \Rightarrow B, C \in \Psi \Rightarrow [B]_{H[\sigma]}=[C]_{H[\sigma]}=\mathrm{T} \Rightarrow [B \wedge C]_{H[\sigma]}=\mathrm{T}$.

$\neg(B \wedge C) \in \Psi \Rightarrow \neg B \in \Psi$ 或 $\neg C \in \Psi \Rightarrow [B]_{H[\sigma]}=\mathrm{F}$ 或 $[C]_{H[\sigma]}=\mathrm{F}$

$\Rightarrow [B \wedge C]_{H[\sigma]}=\mathrm{F}$.

情况$\vee$: 同理可证.

情况$\rightarrow$: 同理可证.

情况$\forall$: A为$\forall x.B$.

$\forall x.B \in \Psi \Rightarrow B[\frac{t}{x}] \in \Psi$，对所有 $t \in T \Rightarrow [B[\frac{t}{x}]]_{H[\sigma]}=\mathrm{T}$，对所有 $t \in T$

$\Rightarrow [B]_{H[\sigma[x:=t_{H[\sigma]}]]}=\mathrm{T}$，对所有 $t \in T$

$\Rightarrow [B]_{H[\sigma[x:=[t]]]}=\mathrm{T}$，对所有 $t \in T$

$\Rightarrow [B]_{H[\sigma[x:=u]]}=\mathrm{T}$，对所有 $u \in H$

$\Rightarrow [\forall x.B]_{H[\sigma]}=\mathrm{T}$;

$\neg\forall x.B \in \Psi \Rightarrow \neg B[\frac{t}{x}] \in \Psi$，对某个 $t \in T$

$\Rightarrow [\neg B[\frac{t}{x}]]_{H[\sigma]}=\mathrm{T}$，对某个 $t \in T$

$\Rightarrow [\neg B]_{H[\sigma[x:=t_{H[\sigma]}]]}=\mathrm{T}$，对某个 $t \in T$

$\Rightarrow [B]_{H[\sigma[x:=[t]]]}=\mathrm{F}$，对某个 $t \in T$

$$\Rightarrow [B]_{H[\sigma[x:=u]]} = \mathrm{F}，\text{ 对某个 } u \in H$$

$$\Rightarrow [\forall x.B]_{H[\sigma]} = \mathrm{F}.$$

情况∃: 同理可证. □

注意：在情况∀中，我们用到替换引理. 由此引理知，定理3.26得证，它在以后证明一阶逻辑的完全性时将被用到.

第三讲习题

1. 设$\mathscr{L}$为一阶语言，定义$\mathscr{L}$的势为$V \cup C \cup Q \cup E \cup P \cup \mathscr{L}_c \cup \mathscr{L}_f \cup \mathscr{L}_p$的势，证明每一个一阶语言的势为$\aleph_0$.

2. 试写出群论语言 G 和 Boole 代数语言B.

3. 试用群论语言 G 写出群论公理.

4. 试用 Boole 代数语言B写出 Boole 代数公理.

5. 证明所有项之集T和所有公式之集F的势为$\aleph_0$.

6. (括号引理)用归纳法证明：在任何公式中左括号的个数等于右括号的个数.

7. 试用一阶语言表示Euclid几何的平行公理.

8. 试用一阶语言表示all that glitters is not gold.

9. 设公式A为$\forall x(P(x,y) \wedge \forall z \exists y(y \doteq z)) \vee (x \doteq x)$，求$FV(A)$.

10. 对于以上的A，求$A[\frac{f(x)}{y}]$和$A[\frac{f(x)}{x}]$.

11. 试给出一个算法，用于从 Gödel 编码求出A的表达式.

12. 设$\mathscr{L}$为初等算术语言.试给出$\mathscr{L}$的 Gödel 编码.

13. 设$G = \{e, *, ^{-1}\}$为群论语言，令$Z_n = \{0, 1, \cdots, n-1\}(n \geqslant 2)$, I被定义如下：$I(e) = 0$, $I(*) = +_n$, $I(^{-1}) : Z_n \mapsto Z_n$, $I(^{-1})(z) = n - z$. 令$M = (Z_n, I)$, $\sigma(x_i) = i \bmod n$, (M, σ)为G的一个模型. 求$((e*e*x_6)^{-1})_{M[\sigma]}$ 和$((x_6 * x_0)^{-1} * x_3)_{M[\sigma]}$. 令$A$ 为$(x_1 x_2)^{-1} \doteq x_2^{-1} x_1^{-1}$，求$A_{M[\sigma]}$.

14. 证明以下公式为永真式.

    (1) $\forall x(x \doteq x)$

    (2) $\forall x \forall y(x \doteq y \to y \doteq x)$

    (3) $\forall x \forall y \forall z((x \doteq y \wedge y \doteq z) \to x \doteq z)$

约定: 在以下公式中，$(A \leftrightarrow B)$ 指 $(A \to B) \wedge (B \to A)$.

15. 证明以下公式为永真式.

(1) $(\neg(A \wedge B)) \leftrightarrow ((\neg A) \vee (\neg B))$

$(\neg(A \vee B)) \leftrightarrow ((\neg A) \wedge (\neg B))$

(2) $(A \wedge B) \leftrightarrow (B \wedge A)$

$(A \vee B) \leftrightarrow (B \vee A)$

(3) $A \to A$

$((A \to B) \wedge (B \to C)) \to (A \to C)$

16. 证明:

$\vDash (\neg \forall x A) \leftrightarrow (\exists x \neg A)$

$\vDash (\neg \exists x A) \leftrightarrow (\forall x \neg A)$

17. 证明：在算术语言$\mathscr{A}$中，令

$\Gamma = \{x > 0, x > S0, x > S^2 0, \cdots\}$

$\Gamma = \{x > 0, x > S0, \cdots, x > S^n 0\}\ (n \in \mathrm{N}^+)$

(1) Γ_n 可满足;

(2) 在标准模型$\mathbb{N} = \{0, 1, \cdots\}$中, Γ不可满足.

18. 证明：对任何公式A，有

(1) $\vDash \forall x A \leftrightarrow \forall y A[y/x]$

(2) $\vDash \exists x A \leftrightarrow \exists y A[y/x]$

这里y为新变元.

19. 证明以下公式永真.

(1) $\forall x A \leftrightarrow A[t/x]$

(2) $A[t/x] \to \exists x A$

20. 证明以下公式非永真.

    (1) $\exists xA \rightarrow \forall xA$

    (2) $\forall x(A \vee B) \rightarrow ((\forall xA) \vee (\forall xB))$

21. 设A为以下句子:

    $\forall x \neg R(x,x) \wedge \forall x \forall y \forall z((R(x,y) \wedge R(y,z)) \rightarrow R(x,z)) \wedge \forall x \exists y R(x,y)$

    (1) 试给出A的一个无穷模型;

    (2) 试证明A没有有穷模型.

22. 设s_1和s_2为M上的两个赋值，A为公式且$FV(A) \subseteq \{x_1, \cdots, x_n\}$, t为项且$FV(t) \subseteq \{x_1, \cdots, x_n\}$. 证明：若$\forall i \leqslant n$, $s_1(x_i) = s_2(x_i)$, 则

    (1) $t_{M[s_1]} = t_{M[s_2]}$

    (2) $A_{M[s_1]} = A_{M[s_2]}$

23. 证明：$M \vDash_\sigma (A \wedge B) \Leftrightarrow (M \vDash_\sigma A \text{ and } M \vDash_\sigma B)$

24. 证明：设z为新变元，(M, σ)为模型且A 为公式，则

    $M \vDash_\sigma \forall x.A \Leftrightarrow M \vDash_\sigma \forall z.A[\frac{z}{x}]$.

CHAPTER 4

第 四 讲

一阶逻辑的自然推理系统

人们经二百年的努力，建立多个一阶逻辑的推理系统，为实现Leibniz的梦想（建立一种通用语言，使其能表达全部的数学问题）作出巨大的贡献，这些系统可分为自然推理和永真推理类型. 我们在本书中将逐一介绍它们，本讲介绍Gentzen的自然推理系统.

定义4.1 Γ, Δ 为公式的有穷集合.$\Gamma \vdash \Delta$ 称为 矢列.Γ为其前件，Δ为其后件.G由如下公理和规则组成:

公理：$\Gamma, A, \Delta \vdash \Lambda, A, \Theta$

规则：

$$\neg L: \quad \frac{\Gamma, \Delta \vdash \Lambda, A}{\Gamma, \neg A, \Delta \vdash \Lambda} \qquad \neg R: \quad \frac{\Gamma, A \vdash \Lambda, \Theta}{\Gamma \vdash \Lambda, \neg A, \Theta}$$

$$\vee L: \quad \frac{\Gamma, A, \Delta \vdash \Lambda \qquad \Gamma, B, \Delta \vdash \Lambda}{\Gamma, A \vee B, \Delta \vdash \Lambda} \qquad \vee R: \quad \frac{\Gamma \vdash \Lambda, A, B, \Theta}{\Gamma \vdash \Lambda, A \vee B, \Theta}$$

$$\wedge L: \quad \frac{\Gamma, A, B, \Delta \vdash \Lambda}{\Gamma, A \wedge B, \Delta \vdash \Lambda} \qquad \wedge R: \quad \frac{\Gamma \vdash \Lambda, A, \Theta \qquad \Gamma \vdash \Lambda, B, \Theta}{\Gamma \vdash \Lambda, A \wedge B, \Theta}$$

$$\to L:\quad \frac{\Gamma,\Delta\vdash A,\Lambda\qquad \Gamma,B,\Delta\vdash\Lambda}{\Gamma,A\to B,\Delta\vdash\Lambda}\qquad\qquad \to R:\quad \frac{\Gamma,A\vdash\Lambda,B,\Theta}{\Gamma\vdash\Lambda,A\to B,\Theta}$$

$$\forall L:\quad \frac{\Gamma,A[t/x],\forall xA(x),\Delta\vdash\Lambda}{\Gamma,\forall xA(x),\Delta\vdash\Lambda}\qquad\qquad \forall R:\quad \frac{\Gamma\vdash\Lambda,A[y/x],\Theta}{\Gamma\vdash\Lambda,\forall xA(x),\Theta}$$

$$\exists L:\quad \frac{\Gamma,A[y/x],\Delta\vdash\Lambda}{\Gamma,\exists xA(x),\Delta\vdash\Lambda}\qquad\qquad \exists R:\quad \frac{\Gamma\vdash A[t/x],\exists xA(x),\Theta}{\Gamma\vdash\Lambda,\exists xA(x),\Theta}$$

$$\text{Cut}:\quad \frac{\Gamma\vdash\Lambda,A\qquad \Delta,A\vdash\Theta}{\Gamma,\Delta\vdash\Lambda,\Theta}$$

在$\forall R$规则和$\exists L$规则中，变元y是一个新变元.

定理4.2　Cut规则可用其他规则导出.

该定理将由Gentzen的Hauptsatz（见第十讲）而得.

定义4.3　设$\Gamma\vdash\Lambda$为矢列，树T为$\Gamma\vdash\Lambda$的证明树指

(1) 当$\Gamma\vdash\Lambda$为G公理，以$\Gamma\vdash\Lambda$为节点的单点树T为其证明树.

(2) 当$\dfrac{\Gamma'\vdash\Lambda'}{\Gamma\vdash\Lambda}$为$G$规则时，若$T'$为$\Gamma'\vdash\Lambda'$的证明树，则树$T$:

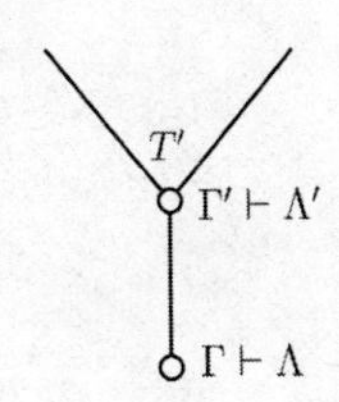

为$\Gamma\vdash\Lambda$的证明树.

(3) 当$\dfrac{\Gamma_1\vdash\Lambda_1\quad\Gamma_2\vdash\Gamma_2}{\Gamma\vdash\Lambda}$为$G$规则时，若树$T_i$为$\Gamma_i\vdash\Lambda_i$的证明树$(i=1,2)$，则树$T$:

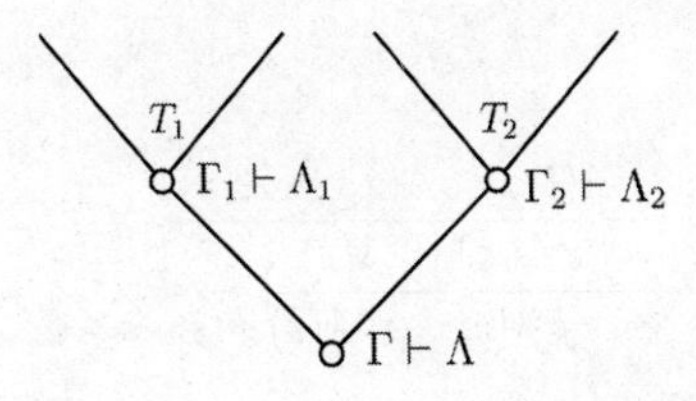

为$\Gamma\vdash\Lambda$的证明树.

定义4.4　设$\Gamma\vdash\Lambda$为矢列，$\Gamma\vdash\Lambda$可证指存在$\Gamma\vdash\Lambda$的证明树.

例4.1 证明下列矢列可证.

(1) $\vdash A \to A$

(2) $\vdash A \vee \neg A$

(3) $\vdash \neg(A \wedge \neg A)$

证明: (1)

$$\frac{A \vdash A}{\vdash A \to A} \to R$$

(2)

$$\dfrac{\dfrac{A \vdash A}{\vdash A, \neg A}\neg R}{\vdash A \vee \neg A} \vee R$$

(3)

$$\dfrac{\dfrac{\dfrac{A \vdash A}{A, \neg A \vdash}\neg L}{A \wedge \neg A \vdash} \wedge L}{\vdash \neg(A \wedge \neg A)}\neg R$$

□

例4.2 证明下列矢列可证.

(1) $\vdash \forall x A(x) \to A(t)$

(2) $\vdash A(t) \to \exists x A(x)$

(3) $\vdash (\forall x(P(x) \to Q(x)) \wedge P(t)) \to Q(t)$

这里$A(t)$为$A[\frac{t}{x}]$的简写.

证明: (1)

$$\dfrac{\dfrac{A(t), \forall x A(x) \vdash A(t)}{\forall x A(x) \vdash A(t)}\forall L}{\vdash \forall x A(x) \to A(t)} \to R$$

(2)

$$\dfrac{\dfrac{A(t) \vdash A(t), \exists x A(x)}{A(t) \vdash \exists x A(x)}\exists R}{\vdash A(t) \to \exists x A(x)} \to R$$

(3)

$$\cfrac{\cfrac{\cfrac{\cfrac{P(t), \forall x(P(x) \to Q(x)) \vdash P(t), Q(t) \quad Q(t), P(t), \forall x(P(x) \to Q(x)) \vdash Q(t)}{P(t) \to Q(t), P(t), \forall x(P(x) \to Q(x)) \vdash Q(t)} \to L}{\forall x(P(x) \to Q(x)), P(t) \vdash Q(t)} \forall L}{\forall x(P(x) \to Q(x)) \land P(t) \vdash Q(t)} \land L}{\vdash (\forall x(P(x) \to Q(x)) \land P(t)) \to Q(t)} \to R$$

□

例4.3 证明 $\forall xP(x) \land \exists yQ(y) \vdash P(f(v)) \land \exists zQ(z)$ 可证.

证明: y_1 为新变元.

$$\cfrac{\cfrac{\cfrac{P(f(v)), \forall xP(x), \exists yQ(y) \vdash P(f(v))}{\forall xP(x), \exists yQ(y) \vdash P(f(v))} \forall L \quad \cfrac{\cfrac{\forall xP(x), Q(y_1) \vdash Q(y_1), \exists zQ(z)}{\forall xP(x), Q(y_1) \vdash \exists zQ(z)} \exists R}{\forall xP(x), \exists yQ(y) \vdash \exists zQ(z)} \exists L}{\forall xP(x), \exists yQ(y) \vdash P(f(v)) \land \exists zQ(z)} \land R}{\forall xP(x) \land \exists yQ(y) \vdash P(f(v)) \land \exists zQ(z)} \land L$$

□

例4.4 证明 $\Gamma_1 \vdash A$、$A \vdash \Gamma_3$ 可证，则 $\Gamma_1 \vdash \Gamma_3$ 可证.

证明: 用Cut 规则证明即可. □

命题4.5 $A_1, \cdots, A_m \vdash B_1, \cdots, B_n$可证 $\Leftrightarrow \bigwedge_{i=1}^m A_i \vdash \bigvee_{i=1}^n B_i$可证.

证明: "⇒"：设 $A_1, \cdots, A_m \vdash B_1, \cdots, B_n$ 可证

$$\cfrac{\cfrac{A_1, \cdots, A_m \vdash B_1, \cdots, B_n}{\bigwedge_{i=1}^m A_i \vdash B_1, \cdots, B_n} \land L \text{(双横线)}}{\bigwedge_{i=1}^m A_i \vdash \bigvee_{i=1}^n B_i} \lor R$$

这里的双横线表示多次使用规则.

"⇐": 设 $\bigwedge\limits_{i=1}^m A_i \vdash \bigvee\limits_{i=1}^n B_i$可证

(1)$A_1, \cdots, A_m \vdash \bigwedge\limits_{i=1}^m A_i$可证.

$$(2) \because \cfrac{\{B_i \vdash B_1, \cdots, B_n \mid i = 1, 2, \cdots, n\}}{\bigvee_{i=1}^n B_i \vdash B_1, \cdots, B_n} \lor L$$

$$\therefore \quad \bigvee_{i=1}^{n} B_i \vdash B_1, \cdots, B_n \text{可证.}$$

$$(3)\ \bigwedge_{i=1}^{m} A_i \vdash \bigvee_{i=1}^{n} B_i \text{可证.}$$ □

一些导出规则如下:

(1) 反证法规则: $\dfrac{\neg A, \Gamma \vdash B \quad \neg A, \Gamma \vdash \neg B}{\Gamma \vdash A}$

证明: 证明树如下:

$$\dfrac{\dfrac{\dfrac{\dfrac{\neg A, \Gamma \vdash B}{\neg A, \Gamma \vdash \neg\neg B}\,\neg L, \neg R \qquad \dfrac{\neg A, \Gamma \vdash \neg B}{\neg A, \Gamma, \neg\neg B \vdash}\,\neg L}{\neg A, \Gamma \vdash}\,\text{Cut}}{\Gamma \vdash \neg\neg A}\,\neg R \qquad \dfrac{\dfrac{A \vdash A}{\vdash A, \neg A}\,\neg R}{\neg\neg A \vdash A}\,\neg L}{\Gamma \vdash A}$$ □

(2) 分情况规则: $\dfrac{A, \Gamma \vdash B \quad \neg A, \Gamma \vdash B}{\Gamma \vdash B}$

证明: 证明树如下:

$$\dfrac{\dfrac{A, \Gamma \vdash B}{\Gamma \vdash B, \neg A}\,\neg R \qquad \neg A, \Gamma \vdash B}{\Gamma \vdash B}\,\text{Cut}$$ □

(3) 逆否推演: $\dfrac{\Gamma \vdash A \to B}{\Gamma \vdash \neg B \to \neg A}$

证明: 证明树如下:

$$\dfrac{\Gamma \vdash A \to B \qquad A \to B \vdash \neg B \to \neg A}{\Gamma \vdash \neg B \to \neg A}\,\text{Cut}$$

这里

$$\dfrac{\dfrac{\dfrac{A, A \to B \vdash B}{\neg B, A, A \to B \vdash}}{\neg B, A \to B \vdash \neg A}}{A \to B \vdash \neg B \to \neg A}$$ □

(4) 矛盾规则: $\dfrac{\Gamma \vdash A \qquad \Gamma \vdash \neg A}{\Gamma \vdash B}$

证明: 证明树如下:

$$\dfrac{\dfrac{\dfrac{\Gamma \vdash A}{\Gamma \vdash A, B}}{\neg A, \Gamma \vdash B} \qquad \dfrac{\Gamma \vdash \neg A}{\Gamma \vdash \neg A, B}}{\Gamma \vdash B}\,\text{Cut}$$ □

(5) MP: $\dfrac{\Gamma \vdash A \qquad \Gamma \vdash A \to B}{\Gamma \vdash B}$

证明:

$$\because \dfrac{A \vdash A, B \qquad A, B \vdash B}{A, A \to B \vdash B}$$

$\therefore A, A \to B \vdash B$ 可证.

$$\dfrac{\Gamma \vdash A \to B \qquad \dfrac{\Gamma \vdash A \qquad A, A \to B \vdash B}{\Gamma, A \to B \vdash B}}{\Gamma \vdash B}\,\text{Cut}$$ □

(6) 三段论: $\dfrac{\Gamma \vdash A(t) \qquad \Gamma \vdash \forall x(A(x) \to B(x))}{\Gamma \vdash B(t)}$

证明: 证明树如下:

$$\dfrac{\dfrac{\Gamma \vdash \forall x(A(x) \to B(x)) \qquad \dfrac{A(t) \to B(t), \forall x(A(x) \to B(x)) \vdash A(t) \to B(t)}{\forall x(A(x) \to B(x)) \vdash A(t) \to B(t)}}{\Gamma \vdash A(t) \to B(t)}\,\text{Cut} \qquad \Gamma \vdash A(t)}{\Gamma \vdash B(t)}$$ □

这些导出规则在以后的证明中皆可被运用.

G系统的上层理论（meta-theory）主要包括关于可靠性（soundness）、完全性（completeness）、协调性（consistency）和紧性（compactness）等性质的一系列定理.

下面我们介绍语义性质.

定义4.6 设$\Gamma \vdash \Delta$为矢列，Γ为$\{A_1, \cdots, A_n\}$，Δ 为$\{B_1, \cdots, B_m\}$，$\Gamma \vdash \Delta$ 有效(记为$\Gamma \models \Delta$)指$\models (\bigwedge\limits_{i=1}^{n} A_i) \to (\bigvee\limits_{j=1}^{m} B_j)$. 这里

(1) 当$n = 0, m \neq 0$时，即Γ空且Δ非空时，$\models \Delta$ 指$(\bigvee\limits_{j=1}^{m} B_j)$.

(2) 当$n \neq 0, m = 0$时，即Δ空时，$\Gamma \models$ 指$\models \neg(\bigwedge\limits_{i=1}^{n} A_i)$.

(3) 当$n = 0, m = 0$时，即Γ，Δ皆空，约定$\{\} \models \{\}$ 非有效.

$\Gamma \vdash \Delta$有反例指$\Gamma \vdash \Delta$非有效.

命题4.7 1) $A_1, \cdots, A_n \vdash B_1, \cdots, B_m$有效 iff 对任何$\mathbb{M}$和$\sigma$，$M \models_\sigma \neg A_i$ 对任意 $i \in \{1, \cdots, n\}$ 或$M \models_\sigma B_i$ 对任意 $j \in \{1, \cdots, m\}$.

2) $A_1, \cdots, A_n \vdash B_1, \cdots, B_m$有反例 iff 存在$\mathbb{M}$和$\sigma$，使$\mathbb{M} \models_\sigma A_i$ 对所有 $i \in \{1, \cdots, n\}$ 且 $\mathbb{M} \models_\sigma \neg B_j$ 对所有 $j \in \{1, \cdots, m\}$.

引理4.8 G的公理有效.

证明: 易见.

引理4.9 对于除 Cut 外的 G 的规则，所有上矢列有效 iff 相应的下矢列有效.

证明: 只需证对规则R，下矢列有反例 iff 至少有一个上矢列有反例. 下面举例说明:

情况 $\neg L$: $\neg L: \dfrac{\Gamma \vdash A, \Lambda}{\Gamma, \neg A \vdash \Lambda}$，设 Γ 为 $\{A_1, \cdots, A_m\}, \Lambda$ 为 $\{B_1, \cdots, B_n\}$.

$\Gamma, \neg A \vdash \Lambda$ 有反例 $\Longleftrightarrow$ 存在 $\mathbb{M}$ 和 σ，使 $\mathbb{M} \models_\sigma A_i$ 对所有 $i \leqslant m$ 且 $M \models_\sigma \neg B_i$ 对所有 $j \leqslant n$ 且 $\mathbb{M} \models_\sigma \neg A \Longleftrightarrow \Gamma, \neg A \vdash \Lambda$ 有反例.

其他情况同理可证. □

引理4.10 对于Cut: $\dfrac{\Gamma \vdash A, \Lambda \quad \Delta, A \vdash \Theta}{\Gamma, \Delta \vdash \Lambda, \Theta}$，若$\Gamma \vdash A, \Lambda$ 和$\Delta, A \vdash \Theta$ 有效，则$\Gamma, \Delta \vdash \Lambda, \Theta$有效，反之不然.

证明: $\because \Gamma \vdash \Lambda, \Theta$有反例$\Longrightarrow$有$\mathbb{M}$和$\sigma$，使$\Gamma$，$\Delta$ 中的公式皆真，而Λ，Θ 中的公式皆假$\Longrightarrow$

当$\mathbb{M} \models_\sigma A$时，$\Delta, A \vdash \Theta$有反例

$\Longrightarrow$ 上矢列之一有效.

当$\mathbb{M} \models_\sigma \neg A$时，$\Gamma \vdash A, \Lambda$有反例

$\therefore$ 两个上矢列皆有效$\Longrightarrow$ 下矢列有效，反之不然.

反例如下:

$$\frac{\vdash \neg(A \vee \neg A) \quad \neg(A \vee \neg A) \vdash (A \vee \neg A)}{\vdash A \vee \neg A} \text{Cut}$$

$\vdash A \vee \neg A$有效，但$\vdash \neg(A \vee \neg A)$不然. □

定义4.11 (Soundness). 若$\Gamma \vdash \Delta$，则$\Gamma \models \Delta$，从而$\vdash A \Rightarrow \models A$.

证明: 对$\Gamma \vdash \Delta$的证明树的结构归纳证明$\Gamma \vdash \Delta$

(1) 对$\Gamma \vdash \Delta$为公理，则易见$\Gamma \models \Delta$(引理4.8).

(2) $\Gamma \vdash \Delta$的证明树呈形：

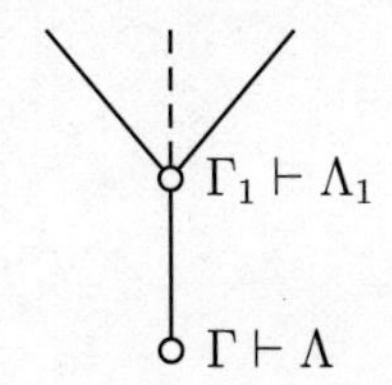

由归纳假设知，$\Gamma_1 \models \Lambda_1$，从而$\Gamma \models \Delta$(引理4.9).

(3) $\Gamma \vdash \Delta$的证明树呈形：

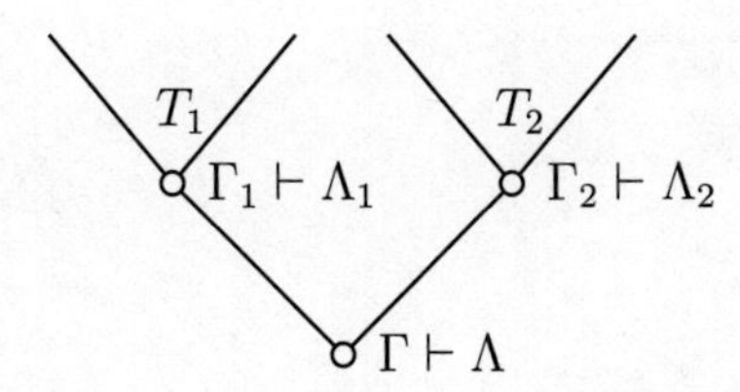

由归纳假设知，$\Gamma_1 \models \Lambda_1, \Gamma_2 \models \Lambda_2$，从而$\Gamma \models \Delta$(引理4.9).

故$\Gamma \models \Delta$. □

命题4.12 若 $\Gamma \vdash \Delta$，则 $\Gamma, \Theta \vdash \Delta, \Psi$.

证明: 对$\Gamma \vdash \Delta$的证明结构作归纳.

奠基： $\Gamma \vdash \Delta$为公理，从而$\Gamma, \Theta \vdash \Delta, \Psi$ 亦然.

归纳假设(I.H.)： 设$\dfrac{\Gamma' \vdash \Delta'}{\Gamma \vdash \Delta}R_1$ 或$\dfrac{\Gamma' \vdash \Delta' \quad \Gamma'' \vdash \Delta''}{\Gamma \vdash \Delta}R_2$ 且$\Gamma', \Theta \vdash \Delta', \Psi$, $\Gamma'', \Theta \vdash \Delta'', \Psi$ 可证，

这里R_1和R_2 为G 规则.

归纳步骤： $\because \dfrac{\Gamma', \Theta \vdash \Delta', \Psi}{\Gamma, \Theta \vdash \Delta, \Psi}R_1$或$\dfrac{\Gamma', \Theta \vdash \Delta', \Psi \quad \Gamma'', \Theta \vdash \Delta'', \Psi}{\Gamma, \Theta \vdash \Delta, \Psi}R_2$

由归纳假设知，$\Gamma, \Theta \vdash \Delta, \Psi$可证.

故$\Gamma \vdash \Delta$. □

第四讲习题

1. 证明以下矢列在G中可证:

   (1) $A \vee B \vdash B \vee A$

   (2) $A \wedge B \vdash B \wedge A$

   (3) $A \to B, B \to C \vdash A \to C$

   (4) $A \vdash \neg\neg A$

   (5) $\neg\neg A \vdash A$

   (6) $\vdash \neg(A \vee B) \to ((\neg A) \wedge (\neg B))$

   (7) $\vdash \neg(A \wedge B) \to ((\neg A) \vee (\neg B))$

   (8) $\neg(A \to B) \vdash A$

   (9) $\vdash \neg\forall x A(x) \to \exists x \neg A(x)$

   (10) $\vdash \neg\exists x A(x) \to \forall x \neg A(x)$

2. 证明：若$\Gamma \vdash \Delta$可证，则$\Gamma, \Theta \vdash \Delta, \Lambda$可证.

3. 证明：$\vdash A \to B$可证当且仅当$A \vdash B$可证.

4. **定义**(子公式). 设A为公式，A的所有子公式的集合$\mathrm{Sub}(A)$定义如下:

   (1) 当A为原子公式时，$\mathrm{Sub}(A) = \{A\}$.

   (2) 当A为$\neg B$时，$\mathrm{Sub}(A) =\mathrm{Sub}(B) \cup \{A\}$.

   (3) 当A为$B * C$时，$\mathrm{Sub}(A) =\mathrm{Sub}(B)\cup \mathrm{Sub}(C) \cup \{A\}$.其中，$* \in \{\wedge, \vee, \to\}$.

   (4) 当A为$Q_x.B$时，$\mathrm{Sub}(A) = \bigcup_{t \in T}\{\mathrm{Sub}(B[\frac{t}{x}])\} \cup \{A\}$.其中，$Q \in \{\forall, \exists\}$，$T$是全体项之集.

   证明：若$\Gamma \vdash \Delta$在G中存在一个无Cut证明树，则该证明树中仅包含$\Gamma \vdash \Delta$中公式的子公式. (子公式性质.)

5. 证明空矢列$\{\} \vdash \{\}$在G中不可证.

6. 证明以下矢列不可证，这里P为二元谓词:

$$\forall x P(x,x), \forall x \forall y (P(x,y) \to P(y,x)) \vdash \forall x \forall y \forall z ((P(x,y) \wedge P(y,z)) \to P(x,z))$$

CHAPTER 5
第五讲

集合论的公理系统

本讲介绍集合论的公理系统ZF，它是建立在一阶逻辑上的，其中的选择公理将被多次用于以下各讲中.

集合是一个原始（primitive）概念，没有严格的定义，只有描述. 集合论创始人G. Cantor对集合的刻画："吾人直观或思维之对象，如为相异而确定之物，其总括之全体即谓之集合，其组成此集合之物谓之集合之元素. 通常用大写字母表示集合，如A、B、C等，用小写字母表示元素，如a、b、c 等. 若集合A系由a、b、c 等诸元素所组成，则表如$A=\{a,b,c,\cdots\}$，而a为A之元素，亦常用$a\in A$之记号表之者，a非A 之元素，则记如$a\notin A$."（参见《集合论初步》，肖文灿译于1939年，商务印书馆.）

例: $\{1,2,3\}$为集合，自然数之全体为集合. 而如甚大之数或与点P接近之点，则不能为集合，因其界限不清.

集合中的元素互异，人们把元素的重复出现看作一次出现，如$\{2,2,3,3\}=\{2,3\}$.

既然Cantor教授提到"总括之全体"，那么怎样"总括"呢？这里有两条重要原则:

外延原则：集合由其元素完全决定，$A = B \leftrightarrow \forall x(x \in A \leftrightarrow x \in B)$.

概括原则：对于人们直观或思维之对象x的任一性质$P(x)$，存在集合S，其元素恰为具有性质P的那些对象，记为$S = \{x|P(x)\}$.

从而对任何a，$a \in S \leftrightarrow P(a)$.例: $\{1,2,3\} = \{x|x = 1 \vee x = 2 \vee x = 3\}$.

然而由$\{x|P(x)\}$未必会产生集合，B. Russell在1902年给出了反例，这就是著名的Russell悖论: 即令$R = \{x|x \notin x\}$，从而若R为集合，则$R \in R \leftrightarrow R \notin R$，从而矛盾，故$R$不为集合. 通过Russell悖论，人们重新审视了集合论，修改概括原则，用形式方法讨论集合论，这导致了公理集合论的产生.

集合论语言为特殊的一阶语言:

1. 等词符：$\doteq$

2. 谓词符：$\in$(二元)

3. 常元符：$\emptyset$（空集符）

4. 函数符：无（偶尔有对偶函数符$\{,\}$（二元），幂集函数符$\mathcal{P}$（一元），并集函数符$\cup$（一元））

5. 变元由x，y，z和A，B，C等表示

约定：

1. $A \subseteq B$指$\forall x(x \in A \rightarrow x \in B)$.

2. $x \notin A$指$\neg(x \in A)$.

3. $\{a\}$指$\{a, a\}$.

4. a^+指$a \cup \{a\}$.

5. $A \cup B$指$\cup\{A, B\}$.

6. $A \cap B$指$\{x|x \in A \wedge x \in B\}$.

7. $(\forall x \in A)\varphi$ 指$\forall x(x \in A \to \varphi)$.

8. $(\exists x \in A)\varphi$指$\exists x(x \in A \wedge \varphi)$.

Zermelo与Fraenkel在20世纪初建立了集合论的公理系统(ZF)，用公理来刻画集合.

1. 外延性公理：$\forall A \forall B\,[\forall x(x \in A \leftrightarrow x \in B) \to A = B]$

2. 空集公理：$\exists B \forall x(\neg(x \in B))$

由外延性公理可知，这样的B是唯一的，人们把这样的B称为空集，并记为$\varnothing$,在有Russell的ι-算子的语言中，$\varnothing$即为$\iota B.\forall x(\neg(x \in B))$. 若$S$中有常元$\varnothing$，则空集公理为$\forall x(x \notin \varnothing)$.

3. 对偶公理：$\forall u \forall v \exists B \forall x(x \in B \leftrightarrow (x = u \vee x = v))$

这样的B存在且唯一. 若S中有函数$\{,\}$，则对偶公理为

$\forall u \forall v(x \in \{u, v\} \leftrightarrow (x = u \vee x = v))$.

4. 并集公理：$\forall A \exists B \forall x\,[x \in B \leftrightarrow (\exists b \in A)(x \in b)]$

这样的B是唯一的. 若S中有函数$\cup$，则并集公理为

$\forall A \forall x(x \in \cup A \leftrightarrow (\exists b \in A)(x \in b))$.

取A为$\{u, v\}$，我们有$\forall x(x \in \cup\{u, v\} \leftrightarrow (\exists b \in \{u, v\})(x \in b))$，从而

$\forall x(x \in u \cup v \leftrightarrow (x \in u \vee x \in v))$

5. 幂集公理：$\forall a \exists B \forall x(x \in B \leftrightarrow x \subseteq a)$

这样的B存在且唯一. 若S中有函数$\mathcal{P}$，则幂集公理为

$\forall x(x \in \mathcal{P}(a) \leftrightarrow x \subseteq a)$

6. 子集公理：对于任何S-公式φ，若$FV(\varphi) \subseteq \{x_1, \cdots, x_k, x\}$且$B \notin FV(\varphi)$，则

$\forall \vec{x}\, \forall C \exists B \forall x(x \in B \leftrightarrow (x \in C \wedge \varphi))$.

这样的B存在唯一且为C的子集，以Cantor的概括记号，B可表示为$\{x|x \in C \land \varphi\}$

或$\{x \in C|\varphi\}$，这修正了原来的概括原则，以避免Russell悖论.

事实上，$\{a,b\} = \{x|x = a \lor x = b\}$，

$\mathcal{P}(a) = \{x|x \subseteq a\}$，

$\cup A = \{x|(\exists b \in A)(x \in b)\}$.

7. 无穷公理：$\exists A(\varnothing \in A \land (\forall a \in A)(a^+ \in A))$

这样的A不唯一. 称满足$\varnothing \in A \land (\forall a \in A)(a^+ \in A)$的$A$为归纳集，记为$\mathrm{Ind}(A)$.

取A 为由无穷公理保证存在的归纳集，令$\mathbb{N} = \{x|x \in A \land \forall B(\mathrm{Ind}(B) \to x \in B)\}$.

由子集公理知，这样的$\mathbb{N}$是存在的，$\mathbb{N}$被定义为自然数集.若定义$0 \triangleq \varnothing, Suc(n) = n^+$，则

可证$(\mathbb{N}, 0, Suc)$ 为Peano算术的模型.

8. 替换公理：对于任何S-公式$\varphi(x,y)$，其不含B且$FV(\varphi) = \{x, y, t_1, \cdots, t_k\}$，

$\forall \vec{t}\, \forall A[(\forall x \in A)(\forall y_1 \forall y_2(\varphi(x,y_1) \land \varphi(x,y_2) \to y_1 \doteq y_2)$

$\to \exists B \forall y(y \in B \leftrightarrow (\exists x \in A)(\varphi(x,y))))]$,

用集合论记号，替换公理为：对于函数F 和集合A，$F[A]$为集合.

9. 正则公理：$\forall A(\neg(A = \varnothing) \to (\exists a \in A)(a \cap A = \varnothing))$

由正则公理知，不存在这样的链

$\cdots \in a_{n+1} \in a_n \in \cdots \in a_1 \in a_0$ 且$A = \{a_0, a_1, \cdots\}$

最后介绍一个极其重要的公理—选择公理（Axiom of Choice，简记为AC）.

选择公理：$\forall A \exists \tau((\tau : P(A) - \{\varnothing\} \to A) \land (\forall B \in (P(A) - \{\varnothing\}))(\tau(B) \in B))$，

其中τ 称为选择函数.

选择公理有许多等价的表达(参见文献［7］).

Zorn引理：设S为偏序集，若S中的每个链皆有界，则S有极大元.

AC与Zorn引理等价.

集合论的公理系统ZF是由公理1～ 9组成的.ZFC指ZF+AC. 有著名的独立性结果:

定理

(1) $con(ZF) \Rightarrow con(ZF\text{+AC})$

(2) $con(ZF) \Rightarrow con(ZF + \neg\text{AC})$

即AC是独立于ZF的.

这样我们用一阶语言描述了集合论的公理系统ZF.

CHAPTER 6
第 六 讲

完全性定理

一阶逻辑的完全性定理是数理逻辑的基本定理之一，非常重要. 它由K. Gödel于20世纪30年代证明. 本讲中我们给出带等词的一阶逻辑的完全性定理，证明方法采用Henkin 在20世纪50年代给出的方法，这里利用极大协调集的方法，故我们首先引入无穷公式集的协调性和极大协调性，然后定义带等词的一阶逻辑Ge，最后证明完全性定理.

设$\mathscr{L}$为一阶语言，我们采用的语言是可数语言，即变元集为可数无穷集，从而全体项之集和全体公式之集皆为可数无穷集.

定义6.1 设Γ为公式集

(1) Γ矛盾指存在Γ的有穷集Δ，使$\Delta\vdash$在G中可证;

(2) Γ协调指Γ不矛盾;

(3) Γ协调（consistent）记为$Con(\Gamma)$, Γ矛盾记为$Incon(\Gamma)$.

命题6.2 以下4点等价:

(1) $Incon(\Gamma)$;

(2) 存在公式A，存在Γ的有穷子集Δ，使$\Delta \vdash A$和$\Delta \vdash \neg A$可证;

(3) 对任何公式A，存在Γ的有穷子集Δ，使$\Delta \vdash A$;

(4) 对任何公式A，存在Γ的有穷子集Δ，使$\Delta \vdash A$和$\Delta \vdash \neg A$可证.

证明: (1)$\Rightarrow$ (2):

因为$\Delta \vdash$ 可证 $\Rightarrow$ $\Delta \vdash A$ 且 $\Delta \vdash \neg A$ 可证;

(2) $\Rightarrow$ (3):

因为$\Delta \vdash A$ 且 $\Delta \vdash \neg A$ 可证 $\Rightarrow \Delta \vdash$ 可证 $\Rightarrow \Delta \vdash B$可证;

(3) $\Rightarrow$ (4) 易见;

(4) $\Rightarrow$ (1):

因为$\Delta \vdash A, \Delta \vdash \neg A$ 可证 $\Rightarrow \Delta \vdash$ 可证. □

我们同理可证:

命题6.3 设Γ为公式集，以下4点等价:

(1) $Con(\Gamma)$;

(2) 对任何 Γ 的有穷子集Δ，$\Delta \vdash$在G中不可证;

(3) 对任何公式A，对任何 Γ 的有穷子集Δ，$\Delta \vdash A$不可证或$\Delta \vdash \neg A$不可证;

(4) 存在公式A，使对任何 Γ 的有穷子集Δ，$\Delta \vdash A$不可证.

定义6.4 设Γ为公式集，Γ为极大协调的（maximally consistent）指

(1) $Con(\Gamma)$和

(2) 对任何公式集 Δ, 若$Con(\Delta)$ 且 $\Gamma \subseteq \Delta$，则 $\Gamma = \Delta$.

命题6.5 Γ为极大协调当且仅当

(1) $Con(\Gamma)$和

(2) 对任何公式 A, 若$Con(\Gamma \cup \{A\})$，则 $A \in \Gamma$.

证明: "$\Rightarrow$": 设Γ为极大协调，从而$Con(\Gamma)$, 现设$Con(\Gamma\cup\{A\})$, 因为$\Gamma\cup\{A\}\supseteq\Gamma$,

故$\Gamma\cup\{A\}=\Gamma$, 因此$A\in\Gamma$.

"$\Leftarrow$": 设$Con(\Gamma)$且对任何A有$Con(\Gamma\cup\{A\})\Rightarrow A\in\Gamma$, 现设$Con(\Delta)$且$\Gamma\subseteq\Delta$,

反设$\Gamma\neq\Delta$, 从而有$A\in\Delta-\Gamma$.

因为$\Gamma\cup\{A\}\subseteq\Delta$, 从而$Con(\Gamma\cup\{A\})$, 故$A\in\Gamma$矛盾. □

命题6.6 设Γ为极大协调当且仅当

(1) $Con(\Gamma)$和

(2) 对任何公式A, $A\in\Gamma$或$\neg A\in\Gamma$.

证明: "$\Rightarrow$": 设Γ极大协调, (1)易见; (2) 对于A, 反设$A\notin\Gamma$且$\neg A\notin\Gamma$.

从而由命题6.5知，$Incon(\Gamma\cup\{A\})$且$Incon(\Gamma\cup\{\neg A\})$

从而存在Δ_1和Δ_2，其为Γ的有穷子集使$\Delta_1, A\vdash$和$\Delta_2, \neg A\vdash$可证，从而$\Delta_1, \Delta_2\vdash$可证，因此$Incon(\Gamma)$，矛盾!

"$\Leftarrow$": 设(1)和(2), 由命题6.5，我们只需证若$Con(\Gamma\cup\{A\})$,则$A\in\Gamma$. 由(2)知$A\in\Gamma$或$\neg A\in\Gamma$成立，而$\neg A\in\Gamma$与$Con(\Gamma\cup\{A\})$矛盾，故$\neg A\notin\Gamma$，因此$A\in\Gamma$. □

命题6.7 设Γ为极大协调集，A为公式，存在Γ的有穷子集Δ使$\Delta\vdash A$可证当且仅当$A\in\Gamma$.

证明: "$\Rightarrow$": 设$\Delta\vdash A$可证，从而$Con(\Gamma\cup\{A\})$, 若不然$Incon(\Gamma\cup A)$, 则存在Γ的有穷子集Δ'，使$\Delta', A\vdash$可证，故$\Delta, \Delta'\vdash$可证与$Con(\Gamma)$矛盾! 故$A\in\Gamma$.

"$\Leftarrow$": 易见. □

命题6.8

(1) 若Γ可满足，则$Con(\Gamma)$;

(2) 若Γ矛盾，则Γ不可满足.

证明: (1) 设 Γ 可满足，从而有 $\mathbb{M}$ 和 σ，使 $\mathbb{M}\vDash_\sigma \Gamma$, 反设 $Incon(\Gamma)$, 从而存在有穷 $\Delta\subseteq\Gamma$，使 $\Delta\vdash A\wedge\neg A$ 可证. $\because \mathbb{M}\vDash_\sigma\Gamma$, $\therefore \mathbb{M}\vDash_\sigma\Delta$, 从而 $\mathbb{M}\vDash_\sigma A\wedge\neg A$，矛盾.

(2)为(1)的逆否命题. □

命题6.9 设 Γ 为有穷公式集且 $Con(\Gamma)$

(1) 若 $\Gamma\vdash A$ 可证，则 $Con(\Gamma\cup\{A\})$;

(2) 若 $\Gamma\vdash A$ 不可证，则 $Con(\Gamma\cup\{\neg A\})$.

证明: (1) 设 $\Gamma\vdash A$ 且 $Con(\Gamma)$, 反设 $Incon(\Gamma\cup\{A\})$, 从而 $\Gamma, A\vdash$ 可证，故 $\Gamma\vdash$ 可证与 $Con(\Gamma)$ 矛盾!

(2) 若 $Incon(\Gamma\cup\{\neg A\})$，则 $\Gamma,\neg A\vdash$ 可证，从而 $\Gamma\vdash A$ 可证. □

在以前给出一阶谓词演算的G系统中没有出现等词 $\doteq$，现在我们给出带等词的一阶谓词演算Ge（有些书中记为$G_=$）.

定义6.10 Gentzen系统 Ge 由 G 加上以下3个等词公理组成:

(1) 若$\vdash s\doteq s$, 这里s为任何项;

(2) 若 $s_1\doteq t_1,\cdots,s_n\doteq t_n\vdash f(s_1,\cdots,s_n)\doteq f(t_1,\cdots,t_n)$, 这里 f 为任何 n 元函数（$n=1,2,\cdots$）, 对于$i\leqslant n$, s_i 和 t_i 为任何项;

(3) $s_1\doteq t_1,\cdots,s_n\doteq t_n, p(s_1,\cdots,s_n)\vdash p(t_1,\cdots,t_n)$, 这里$p$为任何$n$元谓词（含等词）($n=1,2,\cdots$), 对于$i\leqslant n$, s_i 和 t_i 为任何项.

约定6.11

(1) $\vec{t}$表示 $(t_1,\cdots,t_n)$, $\vec{s}$表示 $(s_1,\cdots,s_n)$, 即采用矢量记法;

(2) $f(\vec{t})$ 表示 $f(t_1,\cdots,t_n)$, 当 f 为 n 元函数;

(3) $p(\vec{t})$ 表示 $p(t_1,\cdots,t_n)$, 当 p 为 n 元谓词;

(4) $(\vec{s}\doteq\vec{t})$ 表示 $(\cdots((s_1\doteq t_1)\wedge(s_2\doteq t_2))\wedge\cdots\wedge(s_n\doteq t_n))$.

命题6.12 以下矢列在 Ge 中可证.

(1) $\vdash (s \doteq s)$

(2) $\vdash (s \doteq t) \to (t \doteq s)$

(3) $\vdash (s \doteq t) \to (t \doteq u \to s \doteq u)$

(4) $\vdash (\vec{s} \doteq \vec{t}\,) \to f(\vec{s}\,) \doteq f(\vec{t}\,)$

(5) $\vdash (\vec{s} \doteq \vec{t}\,) \to (p(\vec{s}\,) \to p(\vec{t}\,))$

这里s、t、u 为任何项，f 为任何 n 元函数，$\vec{s}$、$\vec{t}$的长度为 n，以及 p 为任何 n 元谓词.

证明: (1) 易见;

(2) 和 (3) 可由 (1) 和 (5) 在 G 中推出（证明留作习题）;

(4) 由等词公理 (2) 即得;

(5) 由等词公理 (3) 即得. □

命题6.13 令 Γe 为以下句子组成的集合:

$\forall x(x \doteq x), \forall \vec{x}\, \forall \vec{y}(\vec{x} \doteq \vec{y} \to f(\vec{x}) \doteq f(\vec{y}))$，这里 f 为任何函数,

$\forall \vec{x}\, \forall \vec{y}(\vec{x} \doteq \vec{y} \to (p(\vec{x}) \to p(\vec{y})))$，这里 p 为任何谓词.

我们有 $\Gamma \vdash \Delta$ 在 Ge 中可证 $\Leftrightarrow \Gamma e, \Gamma \vdash \Delta$ 在 G 中可证.

证明留作习题.

定理6.14(Soundness). 若 $\Gamma \vdash \Delta$ 在 Ge 中可证，则 $\Gamma \models \Delta$.

证明: 只需证3条等词公理是永真的，而这是易见的. □

以下将证明完全性定理:

若 $\Gamma \models \Delta$，则 $\Gamma \vdash \Delta$ 在 Ge 中可证.

定义6.15(Henkin集). 设 Γ 为公式集, Γ 为 Henkin 集指

(1) Γ 极大协调;

(2) 若 $\exists x.A \in \Gamma$，则有项 t 使 $A[\frac{t}{x}] \in \Gamma$.

定义6.16 设 $\mathscr{L}$ 为一阶语言且 $||\mathscr{L}|| = \aleph_0$, 令 $\mathscr{L}' = \mathscr{L} \cup \{c_n \mid n \in \mathrm{N}\}$.

定理6.17 设 Φ 为公式集且 $Con(\Phi)$, 则存在 $\mathscr{L}'$ 公式集 Ψ，使 $\Psi \supseteq \Phi$ 且 Ψ 为 $\mathscr{L}'$ 的 Henkin 集.

证明: 设 $\mathscr{L}$ 的全体公式为 $\varphi_0, \varphi_1, \cdots, \varphi_n, \cdots (n \in \mathrm{N})$，令

$$\begin{cases} \Psi_0 = \Phi \\ \Psi_{n+1} = \begin{cases} \Psi_n, & \text{若 } Incon(\Psi_n \cup \{\varphi_n\}) \\ \Psi_n \cup \{\varphi_n\}, & \text{若 } Con(\Psi_n \cup \{\varphi_n\}) \text{ 且 } \varphi_n \text{ 不呈形 } \exists x.A \\ \Psi_n \cup \{\varphi_n, A[\frac{c}{x}]\}, & \text{若 } Con(\Psi_n \cup \{\varphi_n\}) \text{ 且 } \varphi_n \text{ 呈形 } \exists x.A \end{cases} \end{cases}$$

这里 c 为 $\{c_n \mid n \in \mathbf{N}\}$ 中不曾使用过的新常元.

而令

$$\Psi = \cup\{\Psi_n \mid n \in \mathbf{N}\}$$

我们有:

(1) $\Phi \subseteq \Psi$;

(2) 对所有$n \in \mathbf{N}$，$Con(\Psi_n)$;

(3) $Con(\Psi)$;

(4) 在 Ψ_n 中出现的新常元是有穷的;

(5) Ψ 极大协调;

(6) Ψ 为 Henkin 集.

证明如下:

(1) $\Phi \subseteq \Psi$ 易见;

(2) 对 n 归纳证明 $Con(\Psi_n)$ 如下:

奠基: $n = 0 \because \Psi_0 = \Phi \therefore Con(\Psi_0)$

归纳假设: 设 $Con(\Psi_n)$

归纳步骤: 欲证 $Con(\Psi_{n+1})$

情况 1. $Incon(\Psi_n \cup \{\varphi_n\})$, 从而 $\Psi_{n+1} = \Psi_n$, 故由 I.H.知 $Con(\Psi_{n+1})$;

情况 2. $Con(\Psi_n \cup \{\varphi_n\})$ 且 φ_n 不呈形 $\exists x.A$, 从而 $Con(\Psi_{n+1})$;

情况 3. $Con(\Psi_n \cup \{\varphi_n\})$ 且 φ_n 呈形 $\exists x.A$, 这时可设 $\varphi_n \equiv \exists x.A$, $\Psi_{n+1} = \Psi_n \cup \{\varphi_n, A[\frac{c}{x}]\}$, 反设 $Incon(\Psi_{n+1})$, 从而存在有穷集 $\Delta' \subseteq \Psi_{n+1}$ 使 $\Delta' \vdash$ 可证，从而存在有穷集 $\Delta \subseteq \Psi_n$ 使 $\Delta, \exists x.A, A[\frac{c}{x}] \vdash$ 可证，使其证明树为 T , 在 T 中将 c 替换成新变元 y, 从而 $\Delta, \exists x.A, A[\frac{y}{x}] \vdash$ 可证. 因此由 $\exists L$ 知 $\Delta, \exists x.A \vdash$ 可证，与 $Con(\Psi_n \cup \{\varphi_n\})$ 矛盾.

(3) 反设 $Incon(\Psi)$, 从而存在 Ψ 的有穷子集 Δ 使 $\Delta \vdash$ 可证. $\because$ Δ 有穷，不妨设 $\Delta = \{A_1, \cdots, A_k\} \therefore$ $A_i (i = 1, 2, \cdots, k) \in \Psi = \cup\{\Psi_n \mid n \in \mathbf{N}\}$, 故对每个 $i \leqslant k$, 有 n_i 使 $A_i \in \Psi_{n_i}$, 因此有 l 使对每个 $i \leqslant k$, $A_i \in \Psi_l$, 从而 $\Delta \subseteq \Psi_l$, 然而 $Con(\Psi_l)$与 $\Delta \vdash$ 可证矛盾.

(4) 对 n 归纳证明即可.

(5) 欲证Ψ 极大协调，由于已证 Ψ 协调，现只需证极大性.

由前命题知，只需证若 $Con(\Psi_n \cup \{\varphi_n\})$，则 $\varphi_n \in \Psi$. 设 $Con(\Psi \cup \{\varphi_n\})$, 从而 $Con(\Psi_n \cup \{\varphi_n\})$, 从而 $\varphi_n \in \Psi_{n+1}$, 因此， $\varphi_n \in \Psi$.

(6) Ψ 为Henkin集，对于公式 $\exists x.A \in \Gamma$, 设 $\exists x.A$ 为 φ_n,

$\because$ $\varphi_n \in \Psi$

$\therefore Con(\Psi_n \cup \{\varphi_n\})$, 故 $A[\frac{c}{x}] \in \Psi_{n+1}$, 从而 $A[\frac{c}{x}] \in \Psi$. □

定理6.18 若 Γ 为Henkin集，则 Γ 为Hintikka集.

证明: 设 Γ 为Henkin集，对照Hintikka集的定义逐条验证如下:

(1) 这里因为$Con(\Gamma)$;

(2) 设 $\neg\neg A \in \Gamma$, $\because$ $\neg\neg A \vdash A$ 可证 $\therefore$ $\Gamma \vdash A$ 可证，又 $\because$ Γ 极大协调，$\therefore$ $A \in \Gamma$;

(3) 设 $A \to B \in \Gamma$, 反设 $\neg A \notin \Gamma$ 且 $B \notin \Gamma$, 由命题 6.6，$A \in \Gamma$ 且 $\neg B \in \Gamma$,

$\because$ $A, A \to B \vdash B$ 可证，$\therefore$ $B \in \Gamma$ 矛盾;

(4) 设 $\neg(A \to B) \in \Gamma$, $\because$ $\neg(A \to B) \vdash A, \neg(A \to B) \vdash \neg B$ 可证

$\therefore$ $A \in \Gamma$ 且 $\neg B \in \Gamma$ (命题 6.7);

(5) 设 $A \wedge B \in \Gamma$, $\because$ $A \wedge B \vdash A, A \wedge B \vdash B$ 可证, $\therefore A, B \in \Gamma$;

(6) $\neg(A \wedge B) \in \Gamma$, 反设 $\neg A \notin \Gamma$ 且 $\neg B \notin \Gamma$，从而由命题 6.6 知，$A \in \Gamma$ 且 $B \in \Gamma$，$\because$ $A, B \vdash A \wedge B$ 可证, $\therefore$ $A \wedge B \in \Gamma$ 与$\neg(A \wedge B) \in \Gamma$ 矛盾;

(7)~(8) 同理可证;

(9) 设 $\forall x.A \in \Gamma$, $\because$ $\forall x.A \vdash A[\frac{t}{x}]$ 可证, $\therefore$ $A[\frac{t}{x}] \in \Gamma$;

(10) 设 $\neg\forall x.A \in \Gamma$, $\because$ $\neg\forall x.A \vdash \exists x.\neg A$ 可证, $\therefore$ $\exists x.\neg A \in \Gamma$, 又 $\because$ Γ 为Henkin集, $\therefore$ 有 t 使 $\neg A[\frac{t}{x}] \in \Gamma$;

(11)~(12) 同理可证;

(13)~(17)由命题 6.7 即得. □

定理6.19 若 Γ 协调，则 Γ 可满足.

证明: Γ 协调

$\Rightarrow$ 存在Henkin集 $\Psi \supseteq \Gamma$

$\Rightarrow$ 存在 Ψ使 $\Psi \supseteq \Gamma$ 且 Ψ 为Hintikka集

$\Rightarrow$ 存在 Ψ使 $\Psi \supseteq \Gamma$ 且 Ψ 可满足

$\Rightarrow$ Γ 可满足. □

定理6.20(Completeness). $\Gamma \vdash A \Leftrightarrow \Gamma \models A$

证明: "$\Rightarrow$"：为Soundness;

"$\Leftarrow$"：设 $\Gamma \models A$

情况1：$Incon(\Gamma)$, 易见 $\Gamma \vdash A$ 可证;

情况2：$Con(\Gamma)$，反设 $\Gamma \vdash A$ 不可证，从而 $Con(\Gamma \cup \{\neg A\})$,
故有 $\mathbb{M}$ 和 σ，使 $\mathbb{M} \models_\sigma \Gamma \cup \{\neg A\}$ 与 $\mathbb{M} \models_\sigma A$ 矛盾. □

定理6.21(Compactness). 设 Γ 为公式集，若对任何 Γ 的有穷子集 Δ，有 Δ 可满足，则 Γ 可满足.

证明: 反设 Γ 不可满足，则 $Incon(\Gamma)$, 从而存在 Γ 的有穷子集 Δ 使 $\Delta \vdash A \wedge \neg A$, 从而 Δ 不可满足，矛盾. □

我们将在第十一讲给出Compactness（紧性）定理的纯语义证明和一个直接证明.

第六讲习题

1. 设 Φ 与 Ψ 为公式集，且 $Con(\Phi)$ 与 $Con(\Psi)$, 证明:

   (1)$Con(\Phi \cap \Psi)$;

   (2)举例说明 $Con(\Phi \cup \Psi)$ 未必成立.

2. 设 Φ 为公式集，且 Φ 极大协调，证明:

   (1) 若 $A \in \Phi$ 且 $A \to B \in \Phi$, 则 $B \in \Phi$;

   (2) 若 $\forall x.A \in \Phi$, 则对任何项 t, $A[\frac{t}{x}] \in \Phi$.

3. 证明一阶语言$\mathscr{L}$的任何协调公式集可扩张为$\mathscr{L}$的一个极大协调公式集.

4. 证明命题 6.12中的(2) 和 (3) .

5. 设$\mathscr{L}$为可数的一阶语言，若 Φ 有模型，则 Φ 有论域为可数集的模型.

6. 证明：若 $\Gamma, A[\frac{c}{x}] \vDash B$, 则 $\Gamma, \exists x.A \vDash B$, 这里 Γ 为有穷公式集，A, B 为公式，c 为常元且不出现于 Γ, A，B 中.

7. 完全性定理告诉人们，每个句子或者有一个证明，或者有一个反例模型，即一个结构在其中它为假. 对于以下句子，或者给出它在 G 中的证明，或者给出它的反例模型.

   (1) $\forall x(P(x) \to \forall y P(y))$

   (2) $(\exists x P(x) \to \forall y Q(y)) \to \forall z(P(z) \to Q(z))$

   (3) $\forall z(P(z) \to Q(z)) \to (\exists x P(x) \to \forall y Q(y))$

   (4) $\neg\exists y \forall x(R(x,y) \leftrightarrow \neg R(x,x))$

   这里 P，Q，R 为谓词，$A \leftrightarrow B$ 为 $(A \to B) \wedge (B \to A)$ 的简写.

CHAPTER 7
第七讲

Herbrand定理

Herbrand定理是数理逻辑的基本定理之一，它由法国Jacques Herbrand博士(1908 − 1931)于1930年给出，此定理的表现形式有若干种(参见文献［6］)，它提供了从一阶逻辑化归到命题逻辑的一种形式，以及提供一阶逻辑公式不可满足性问题的半可判定算法.

定义7.1 设A为一阶语言$\mathscr{L}$的公式，A为前束范式指A呈形于

$$Q_1x_1.(Q_2x_2.(\cdots Q_nx_n.(B)\cdots)),$$

这里$Q_i\in\{\forall,\exists\}(i\leqslant n)$且$B$中无量词.

约定 7.2

(1) 将$Q_1x_1.(Q_2x_2.(\cdots Q_nx_n.(B)\cdots))$简记为$Q_1x_1\cdots Q_nx_n.B$，且当$n=0$时，以上公式为$B$.

(2) 将$(A\to B)\wedge(B\to A)$简记为$A\leftrightarrow B$.

(3) $Qx.A$指$\forall x.A$或$\exists x.A$. Q^*为Q的对偶. 即若Q为$\forall$，则Q^*为$\exists$；若Q为$\exists$，则Q^*为$\forall$.

命题7.3 在一阶逻辑中，我们有

(1) 若$x \notin FV(B)$，则$\vdash Qx.B \leftrightarrow B$.

(2) 若y为新变元，则$\vdash Qx.B \leftrightarrow Qy.B[\frac{y}{x}]$.

命题7.4 在一阶逻辑中，我们有

(1) $\vdash \neg\forall x.A \leftrightarrow \exists x.\neg A$.

(2) $\vdash \neg\exists x.A \leftrightarrow \forall x.\neg A$.

以下(3)~(8)满足条件$x \notin FV(B)$.

(3) $\vdash (\forall x.A \wedge B) \leftrightarrow \forall x.(A \wedge B)$.

(4) $\vdash ((\exists x.A) \vee B) \leftrightarrow \exists x.(A \vee B)$.

(5) $\vdash (\forall x.A \rightarrow B) \leftrightarrow \exists x.(A \rightarrow B)$.

(6) $\vdash (\exists x.A \rightarrow B) \leftrightarrow \forall x.(A \rightarrow B)$.

(7) $\vdash (B \rightarrow \forall x.A) \leftrightarrow \forall x.(B \rightarrow A)$.

(8) $\vdash (B \rightarrow \exists x.A) \leftrightarrow \exists x.(B \rightarrow A)$.

命题 7.3 和 7.4 的证明留作习题.

定理7.5 对任何一阶语言$\mathscr{L}$的公式A，存在$\mathscr{L}$的公式B，使$\vdash A \leftrightarrow Q_1x_1 \cdots Q_nx_n.B$，这里$x_1, \cdots, x_n$互异且$B$中无量词.

此定理说明任何公式皆有一个前束范式与其等价.

证明: 对A的结构作归纳证明存在B使$\vdash A \leftrightarrow Q_1x_1 \cdots Q_nx_n.B \cdots (*)$，这里$x_1, \cdots, x_n$互异，且$B$无量词.

情况1: A为原子公式，(*)当然成立.

情况2: A为$\neg C$，由I.H.知，有D使$\vdash C \leftrightarrow Q_1x_1 \cdots Q_mx_m.D$，这里$x_1, \cdots, x_m$互异且$D$中无量词，从而由命题7.4的(1) 知$\vdash A \leftrightarrow Q_1{}^*x_1 \cdots Q_m{}^*x_m.\neg D$，故(*)成立.

情况3: A为$E \wedge F$.

由I.H.知，有 B, C 使

$\vdash E \leftrightarrow Q_1x_1 \cdots Q_mx_m.B$

$\vdash F \leftrightarrow Q_{m+1}x_{m+1} \cdots Q_{m+l}x_{m+l}.C$

这里 B, C 中无量词，从而有互异的新变元$z_1, \cdots, z_l$

使$\vdash F \leftrightarrow Q_{m+1}z_1 \cdots Q_{m+l}z_l.D$

这里D为$C[\frac{z_1}{x_{m+1}}]\cdots[\frac{z_l}{x_{m+l}}]$.

故$\vdash A \leftrightarrow Q_1x_1 \cdots Q_mx_mQ_{m+1}z_1 \cdots .Q_{m+l}z_l.(B \wedge D)$.

情况4: A为$E \to F$或A为$E \vee F$. 与上同理可证.

情况5: A为$Qx.C$.

由I.H.知，有B使$\vdash C \leftrightarrow Q_1x_1 \cdots Q_mx_m.B$，从而

当$x \in \{x_1, \cdots, x_n\}$时，$\vdash A \leftrightarrow Q_1x_1 \cdots Q_mx_m.B$;

当$x \notin \{x_1, \cdots, x_n\}$时，$\vdash A \leftrightarrow QxQ_1x_1 \cdots Q_mx_m.B$. □

下面引入Skolem范式的概念.

定义7.6 设公式A呈前束形，A的Skolem范式A^s归纳定义如下:

(1) 若A中无量词，则A^s为A;

(2) $(\forall x.A)^s$为$\forall x.(A^s)$;

(3) 对于$(\exists x.A)^s$分情况定义如下:

(a) 若$FV(\exists x.A) = \emptyset$，则$(\exists x.A)^s$为$(A[\frac{c}{x}])^s$，这里$c$为新常元;

(b) 若$FV(\exists x.A) \neq \emptyset$，设$FV(\exists x.A) = \{x_1, x_2, \cdots, x_n\}$，则$(\exists x.A)^s$为$(A[\frac{f(x_1,\cdots,x_n)}{x}])^s$，这里 f 为 n 元新函数.

易见A的Skolem范式中无量词$\exists$，其呈形$\forall x_1\forall x_2 \cdots \forall x_n.B$，$B$中无量词，它通过引入新常元或函数来消除前束范式中的量词$\exists$.

例7.1 设A为$\forall x\exists y.P(x,y)$且$P$为谓词，从而$A^s$为$\forall x.P(x, f(x))$，这里$f$为函数. 不难证明:

(1) $\models \forall x.P(x, f(x)) \to \forall x\exists y.P(x,y)$

(2) $\not\models \forall x\exists y.P(x,y) \to \forall x.P(x, f(x))$

(3) $\forall x.P(x, f(x))$可满足$\Leftrightarrow \forall x\exists y.P(x,y)$可满足.

这说明A与A^s同可满足，但A与A^s不一定同真假. 更一般地，我们有

定理7.7 设A为闭前束范式，A可满足$\Leftrightarrow A^s$可满足.

证明: 设A为闭前束范式，以下对A中的量词$\exists$的个数n作归纳证明

A可满足$\Leftrightarrow A^s$可满足 (*)

奠基：当$n=0$时，A中无量词$\exists$，从而A^s为A，故(*)成立.

归纳假设：当$n=k$时，(*)成立.

归纳步骤：当$n=k+1$时，设A呈形于

$\forall x_1 \cdots \forall x_n \exists y.B$且$B$为前束范式，其中有$k$个$\exists$，从而$A^s$为$\forall x_1 \cdots \forall x_n.(B[\frac{f(y_1,\cdots,y_m)}{y}])^s$，

这里$FV(\exists y.B)=\{y_1,\cdots,y_m\}$，从而由I.H.知，$B[\frac{f(y_1,\cdots,y_m)}{y}]$与$(B[\frac{f(y_1,\cdots,y_m)}{y}])^s$同可满足性. 余下只需证$\forall \vec{x}\exists y.B$与$\forall \vec{x}B[\frac{f(y_1,\cdots,y_m)}{y}]$同可满足性，从而$A$与$A^s$同可满足性.

不妨设$FV(\exists y.B)=\{x_1,\cdots,x_n\}$且$y\in FV(B)$，从而需证$\forall\vec{x}\exists y.B$可满足$\Leftrightarrow \forall\vec{x}.B[\frac{f(\vec{x})}{y}]$可满足.

“$\Leftarrow$”：易见.

“$\Rightarrow$”：设$(M,I)\vDash \forall\vec{x}\exists y.B$

从而对$\vec{a}\in M^n$存在$b\in M$使对任何σ有

$(M,I)\vDash \sigma[\vec{x}:=\vec{a},y:=b]B$ (**)

令$S_{\vec{a}}=\{b|(**)\text{ 成立}\}$

$\because S_{\vec{a}}\neq\emptyset$且$S_{\vec{a}}\in\mathcal{P}(M)$,

$\therefore$由选择公理AC知，有$\rho:\mathcal{P}(M)\to M$使$\rho(S_{\vec{a}})\in S_{\vec{a}}$. 因此

$(M,I)\vDash \sigma[\vec{x}:=\vec{a},y:=\rho(S_{\vec{a}})]B$,

令$F:M^n\to M$如下：$F(\vec{a})=\rho(S_{\vec{a}})(\vec{a}\in M^n)$,

又令I'为I的扩展使$I'(f)=F$.

从而$(M,I')\vDash\sigma[\vec{x}:=\vec{a},y:=F(\vec{a})]B$.

因此$(M,I')\vDash\sigma[\vec{x}:=\vec{a}]B[\frac{f(\vec{x})}{y}]$.

从而$(M,I')\vDash\forall\vec{x}.B[\frac{f(\vec{x})}{y}]$，这样(*)成立. □

定义7.8 设$\mathscr{L}$−公式A为Skolem范式，以下归纳定义$\mathscr{L}$−项的集合H_n:

(1) 若A中无常元出现，则$H_0=\{c_0\}$，这里c_0为$\mathscr{L}$中的某个常元.

(2) 若A中有常元出现，则$H_0=\{c|c\text{为常元且出现在}A\text{中}\}$.

(3) $H_{n+1}=H_n\cup\{f(t_1,\cdots,t_m)|f\text{为}A\text{中的}m\text{元函数且}t_1,\cdots,t_m\in H_n\}$.

(4) 令$H_A=\cup\{H_n|n\in\mathrm{N}\}$被称为$A$的Herbrand域.

易见H_A中元素皆为$\mathscr{L}$−闭项，其由A中常元（或某个常元c_0）和A中函数构成.

定义7.9 设$\mathscr{L}$−公式A为Skolem范式，H_A为A的Herbrand 域且c_0为H_A中的某个常元. 对于一个$\mathscr{L}$−结构$\mathbb{M}=(M,I)$，定义A对应于$\mathbb{M}$的Herbrand结构$\mathbb{H}_A=(H_A,I_A)$如下:

(1) 对于常元c,

$$I_A(c)=\begin{cases}c, & \text{若}c\in H_A;\\ c_0, & \text{否则}.\end{cases}$$

(2) 对于m元函数f，定义$I_A(f):{H_A}^m\to H_A$如下:

$$I_A(f)(t_1,\cdots,t_m)=\begin{cases}f(t_1,\cdots,t_m), & \text{若}f\text{出现于}A;\\ c_0, & \text{否则}.\end{cases}$$

(3) 对于m元谓词P，定义$I_A(P)\subseteq{H_A}^m$如下：$I_A(P)={H_A}^m\cap I(P)$，从而$I_A(P)=\{<t_1,\cdots,t_m>\in{H_A}^m|\mathbb{M}\vDash P(t_1,\cdots,t_m)\}$.

命题7.10

(1) 若$c\in H_A$，则$I_A(c)=c$;

(2) 若f出现于A，则$I_A(f)(t_1,\cdots,t_m)=f(t_1,\cdots,t_m)$;

(3) 若项$t \in H_A$，则$t_{H_A} = t$;

(4) 若谓词P为m元且$t_1, \cdots, t_m \in H_A$，则$\mathbb{H}_A \vDash P(t_1, \cdots, t_m) \Leftrightarrow \mathbb{M} \vDash P(t_1, \cdots, t_m)$.

命题7.11 设$\mathscr{L}$−闭公式A为Skolem范式，$\mathbb{M} = (M, I)$为$\mathscr{L}$−结构，$\mathbb{H}_A = (H_A, I_A)$为$A$对应于$\mathbb{M}$的Herbrand 结构，若$\mathbb{M} \vDash A$，则$\mathbb{H}_A \vDash A$.

证明: 不妨设A为$\forall x_1, \cdots, x_n.B$，这里$x_1, \cdots, x_n$互异且$FV(B) = \{x_1, \cdots, x_n\}$，$B$中无量词. 对$n$ 作归纳证明

$\mathbb{M} \vDash A \Rightarrow \mathbb{H}_A \vDash A$ (*)

奠基：当$n = 0$时，欲证$\mathbb{M} \vDash B \Leftrightarrow \mathbb{H}_A \vDash B$ (**)

对B的结构归纳证明(**)如下:

情况1: 设B的原子公式$P(t_1, \cdots, t_m)$，这里t_i为项且$t_i \in H_A$，从而由命题 7.10中的(4)知(**)成立.

情况2: 设B呈形$\neg C$，$C \wedge D$，$C \vee D$或$C \to D$，易见(**)成立.

因此当$n = 0$时，(*)成立.

归纳假设：当$n = k$时，(*)成立.

归纳步骤：设$n = k + 1$时，这时A呈形$\forall x.C$，其中C为含k个$\forall$的Skolem范式且只含自由变元x. 因为$\mathbb{M} \vDash \forall x.C$

$\Rightarrow$对任何$\sigma : V \to M$，$\mathbb{M} \vDash_\sigma \forall x.C$

$\Rightarrow$对任何$\sigma : V \to M$，$\forall a \in M.\mathbb{M} \vDash_{\sigma[x:=a]} C$

（若$t \in H_A$，则$t_M \in M$）

$\Rightarrow$对任何$\sigma : V \to M$，$\forall t \in H_A.\mathbb{M} \vDash_{\sigma[x:=t_M]} C$

（替换引理）

$\Rightarrow$对任何$\sigma: V \to M$，$\forall t \in H_A.\mathbb{M}\vDash_\sigma C[\frac{t}{x}]$

（$C[\frac{t}{x}]$为闭项）

$\Rightarrow \forall t \in H_A.\mathbb{M}\vDash C[\frac{t}{x}]$

（$C[\frac{t}{x}]$只含k个$\forall$且由I.H.）

$\Rightarrow \forall t \in H_A.\mathbb{H}_{c[\frac{t}{x}]} \vDash C[\frac{t}{x}]$

（$H_{C[\frac{t}{x}]} = H_A$）

$\Rightarrow \forall t \in H_A.H_A \vDash C[\frac{t}{x}]$

（替换引理）

$\Rightarrow$ 对任何$\sigma: V \to H_A, \forall t \in H_A.\mathbb{H}_A\vDash_{\sigma[x:=t_{H_A}]}C$

（$\because t \in H_A \quad \therefore t_{H_A} = t$）

$\Rightarrow$ 对任何$\sigma: V \to H_A, \forall t \in H_A.\mathbb{H}_A\vDash_{\sigma[x:=t]}C$

$\Rightarrow$ 对任何$\sigma: V \to H_A, \mathbb{H}_A\vDash_\sigma \forall x.C$

$\Rightarrow \mathbb{H}_A \vDash A.$

因此(**)成立，归纳完成. □

推论 7.12 设$\mathscr{L}-$闭公式A为Skolem 范式，A可满足$\Leftrightarrow$ A在某个Herbrand 结构中可满足.

证明:

“$\Leftarrow$”：显然成立.

“$\Rightarrow$”：A可满足$\Rightarrow$ A在某个$\mathbb{M} = (M, I)$结构中可满足

$\Rightarrow$ A在$\mathbb{H}_A = (H_A, I_A)$中可满足. □

定理7.13 (Herbrand定理) 设$\mathscr{L}-$闭公式A为Skolem范式$\forall x_1 \cdots \forall x_n.B$且$B$中无量词，令$\Gamma = \{B[\frac{t_1}{x_1}]\cdots[\frac{t_n}{x_n}] | t_1, \cdots, t_n \in H_A\}$，我们有$A$可满足$\Leftrightarrow$ Γ可满足.

证明:

“$\Rightarrow$”：设$B_1,\cdots,B_m\in\Gamma$，从而$\vdash A\to B_i(i\leqslant m)$，因此$\vdash A\to(B_1\wedge B_2\wedge\cdots\wedge B_m)$，当$A$可满足时，$\{B_1,\cdots,B_m\}$可满足，而$B_1,\cdots,B_m$可从$\Gamma$中任意选取，故由紧性定理知$\Gamma$可满足.

“$\Leftarrow$”：当Γ可满足时，有$\mathscr{L}$−结构$\mathbb{M}=(M,I)$使$\mathbb{M}\vDash\Gamma$. 令$\mathbb{H}_A=(H_A,I_A)$为A的对应于$\mathbb{M}$的Herbrand结构，以下证明对任何$C\in\Gamma$，$\mathbb{M}\vDash C\Leftrightarrow\mathbb{H}_A\vDash C$.

为了方便，不妨设A为$\forall x.B$，以下对B的结构归纳证明

对任何$t\in H_A$，$\mathbb{M}\vDash B[\frac{t}{x}]\Leftrightarrow\mathbb{H}_A\vDash B[\frac{t}{x}]$

情况1: B为原子公式$P(S_1,\cdots,S_m)$，对于$t\in H_A$，令$S_i{}'\equiv S_i[\frac{t}{x}]$，从而$B[\frac{t}{x}]\equiv P(S_1{}',\cdots,S_m{}')$，易见$S_i{}'\in H_A$，从而$\mathbb{M}\vDash B[\frac{t}{x}]\Leftrightarrow\mathbb{M}\vDash P(S_1{}',\cdots,S_m{}')\Leftrightarrow\mathbb{H}_A\vDash P(S_1{}',\cdots,S_m{}')\Leftrightarrow\mathbb{H}_A\vDash B[\frac{t}{x}]$.

情况2: B呈形$\neg C$，$C\wedge D$，$C\vee D$，$C\to D$时，由I.H.知(*)成立.

这样$\because\mathbb{M}\vDash\Gamma$

$\therefore$ 对任何$t\in H_A$，$\mathbb{M}\vDash B[\frac{t}{x}]$.

由(*)知，对任何$t\in H_A$，$\mathbb{H}_A\vDash B[\frac{t}{x}]$，再由替换引理知，对$H_A$上的任意赋值$\sigma:V\to H_A$，有$\mathbb{H}_A\vDash_\sigma B[\frac{t}{x}]$，从而$\mathbb{H}_A\vDash_{\sigma[x:=t_{H_A}]}B$.

$\because t_{H_A}=t$

$\therefore$ 对任何$t\in H_A.\mathbb{H}_A\vDash_{\sigma[x:=t]}B$

故$\mathbb{H}_A\vDash\forall x.B$，从而$A$可满足. □

例7.2 设A为$\exists x\forall y.P(x,y)$，其中$P$为二元谓词，从而$\neg A$的前束范式为$B\equiv\forall x\exists y.\neg P(x,y)$，$B$的Skolem范式为$\forall x\neg P(x,f(x))$.

令c为个体常元，$H=H_B=\{c,f(c),\cdots,f^n(c),\cdots\}$. 因此

$\Gamma_B=\{\neg P(t,f(t))|t\in H\}=\{\neg P(f^n(c),f^{n+1}(c))|n\in\mathbf{N}\}$

$\vdash\exists x\forall y.P(x,y)$

$\Leftrightarrow\vDash A$

$\Leftrightarrow B$不可满足

$\Leftrightarrow \Gamma_B$不可满足

$\Leftrightarrow$存在Γ_B的一个有穷子集不可满足

$\Leftrightarrow$存在有穷个$t_1, \cdots, t_m \in H$，使$\{\neg P(t_1, f(t_1)), \cdots, \neg P(t_m, f(t_m)))\}$不可满足

$\Leftrightarrow$存在有穷个$t_1, \cdots, t_m \in H$，使$\neg(\neg P(t_1, f(t_1)) \wedge \cdots \wedge \neg P(t_m, f(t_m)))$永真

$\Leftrightarrow$存在$t_1, \cdots, t_m \in H$，使$\vdash P(t_1, f(t_1)), \cdots, P(t_m, f(t_m))$可证. □

第七讲习题

1. 求$\forall x\exists y\forall z\exists uP(x,y,z,u)$的Sklolem范式.

2. 求$(\forall xP(x)\wedge\forall yQ(y))\to\exists zP(z)$的前束范式.

3. 设A呈前束形，那么若$FV(A)=\emptyset$，则$FV(A^S)=\emptyset$.

4. 证明$\models\exists x\forall yP(x,y)\to\forall y\exists xP(x,y)$.

5. 证明$\not\models\forall x\exists yP(x,y)\to\exists y\forall xP(x,y)$.

6. 证明$\models\forall xP(x,f(x))\to\forall x\exists yP(x,y)$，从而$\forall xP(x,f(x))$可满足$\Rightarrow\forall x\exists yP(x,y)$可满足.

7. 证明$\forall x\exists yP(x,y)$可满足$\Rightarrow\forall xP(x,f(x))$可满足，这里$P$为二元谓词，$f$为一元函数.

8. 求$P(f(c))$的Herbrand域.

9. 证明对任何n，$|H_n|<\aleph_0$，而且$|H_A|=\aleph_0$.

CHAPTER 8

第八讲

命题逻辑的永真推理系统

本讲介绍命题逻辑的永真推理系统，由于在推理过程中出现的所有命题皆为永真，故称这种风格的系统为永真推理系统，也称其为Hilbert型系统. 历史上许多人研究过此类系统，如Frege、Hilbert等. 我们先给出了一个永真推理系统H，然后证明H 与G 在某种意义下是等价的.

系统H由以下内容组成:

公理：

A01 $$A \to A$$

A02 $$(A \to (B \to C)) \to (B \to (A \to C))$$

A03 $$(A \to B) \to ((B \to C) \to (A \to C))$$

A04 $$(A \to (A \to B)) \to (A \to B)$$

A05 $$(A \to \neg B) \to (B \to \neg A)$$

A06 $$(\neg\neg A) \to A$$

A07 $(A \wedge B) \to A$

A08 $(A \wedge B) \to B$

A09 $A \to (B \to (A \wedge B))$

A10 $A \to (A \vee B)$

A11 $B \to (A \vee B)$

A12 $(A \to C) \to ((B \to C) \to ((A \vee B) \to C))$

以上$A, B, C \in PROP$，A01～A12被称为**公理模式**，呈形以上公理模式的命题被称为**公理**.

规则

MP
$$\frac{A \to B \qquad\qquad A}{B}$$

规则MP被称为**分离规则**，或肯定条件的**推理规则**（Modus Ponens）. 当实施MP时，我们称B由$A \to B$和A实施MP 而得，有时也记为$A \to B, A \vdash B$.

命题演算的永真推理系统有许多，这里采用的系统由莫绍揆教授提出(参见文献［11］).

定义8.1 设$A \in PROP, \Gamma \subseteq PROP$,

1. 在H中由Γ推导A（记为$\Gamma \vdash_H A$）指存在序列$P_1, \cdots, P_n$，使A为P_n且对任何$i \leqslant n$有

   或(a)P_i为H的公理

   或(b)$P_i \in \Gamma$

   或(c)存在$j, k < i$，使P_j为$P_k \to P_i$，这时P_i由其前P_j和P_k实施MP而得.

   当H唯一确定时，将$\Gamma \vdash_H A$简记为$\Gamma \vdash A$.

2. 称以上的$P_1, \cdots, P_n$为$\Gamma \vdash A$的证明过程，n为其证明长度.

3. 令$\mathrm{T}h(\Gamma) = \{A | \Gamma \vdash A\}$，当$\Gamma \vdash A$时，称$A$为$\Gamma-$ 定理；

   当Γ为空时，简记为$\vdash A$，称A为定理.

在 H 中采用符号 $\vdash$，切勿与 G 中的 $\vdash$ 混用.（有些书中，Gentzen 系统中的 $\Gamma \vdash \Delta$ 由 $\Gamma \to \Delta$ 替代，以防混同于 Hilbert 系统中的符号 $\vdash$，而历史上它由 Frege 提出.）

以下证明一些重要定理:

$T13$ $$(A \to B) \to ((C \to A) \to (C \to B))$$

证明:

(1) $$(C \to A) \to ((A \to B) \to (C \to B)) \qquad A03$$

(2) $$(1) \to (3) \qquad A02$$

(3) $$(A \to B) \to ((C \to A) \to (C \to B)) \qquad MP(2)(1)$$

(1)，(2)，(3)为证明过程. □

$T14$ $$(A \to B) \to ([D \to (C \to A)] \to [D \to (C \to B)])$$

证明:

(1) $$(A \to B) \to [(C \to A) \to (C \to B)] \qquad T13$$

(2) $$[(C \to A) \to (C \to B)] \to ([D \to (C \to A)] \to [D \to (C \to B)]) \qquad T13$$

(3) $$(1) \to [(2) \to (4)] \qquad A03$$

(4) $$(A \to B) \to \{[D \to (C \to A)] \to [D \to (C \to B)]\} \qquad MP(MP(3)(1))(2)$$

□

$T15$ $$\vdash A \to (B \to A)$$

证明:

(1) $$(A \wedge B) \to A \qquad A07$$

(2)

$$((A \wedge B) \to A) \to ([A \to (B \to (A \wedge B))] \to [A \to (B \to A)]) \qquad T14$$

(3)

$$[A \to (B \to (A \wedge B))] \to [A \to (B \to A)] \qquad MP(2)(1)$$

(4)

$$A \to (B \to (A \wedge B)) \qquad A09$$

(5)

$$A \to (B \to A) \qquad MP(3)(4)$$

□

$T16$ $\qquad \vdash [C \to (B \to A)] \to [(C \to B) \to (C \to A)]$

证明:

(1)

$$[C \to (C \to A)] \to (C \to A) \qquad A04$$

(2)

$$(1) \to \left\{\left\{(C \to B) \to \left\{[B \to (C \to A)] \to [C \to (C \to A)]\right\}\right\} \to \left\{(C \to B) \to \left\{[B \to (C \to A)] \to (C \to A)\right\}\right\}\right\} \qquad T14$$

(3)

$$(C \to B) \to \{[B \to (C \to A)] \to [C \to (C \to A)]\} \qquad A03$$

(4)

$$(C \to B) \to ((B \to (C \to A)) \to (C \to A)) \qquad MP(MP(2)(1))(3)$$

(5)

$$(4) \to [(B \to (C \to A)) \to ((C \to B) \to (C \to A))] \qquad A02$$

(6)

$$[B \to (C \to A)] \to [(C \to B) \to (C \to A)] \qquad MP(5)(4)$$

(7)

$$[C \to (B \to A)] \to [B \to (C \to A)] \qquad A02$$

(8)

$$(7) \to [(6) \to (9)] \qquad A02$$

(9)

$$[C \to (B \to A)] \to [(C \to B) \to (C \to A)] \qquad MP(MP(8)(7)(6)$$

□

$T17$ $\vdash (\neg A \to \neg B) \to (B \to A)$

证明:

(1)

$$\neg\neg A \to A \qquad A06$$

(2)

$$(\neg\neg A \to A) \to$$

$$\{[(\neg A \to \neg B) \to (B \to \neg\neg A)] \to$$

$$[(\neg A \to \neg B) \to (B \to A)]\} \qquad T14$$

(3)

$$(\neg A \to \neg B) \to (B \to \neg\neg A) \qquad A05$$

(4)

$$(\neg A \to \neg B) \to (B \to A) \qquad MP(MP(2)(1))(3)$$

□

$T18$ $\vdash A \to \neg\neg A$

证明:

(1)

$$\neg A \to \neg A \qquad A01$$

(2)

$$(\neg A \to \neg A) \to (A \to \neg\neg A) \qquad A05$$

(3)

$$A \to \neg\neg A \qquad MP(2)(1)$$

□

$T19$ $\vdash (A \to B) \to (\neg B \to \neg A)$

证明:

(1)
$$B \to \neg\neg B \qquad T18$$

(2)
$$(B \to \neg\neg B) \to [(A \to B) \to (A \to \neg\neg B)] \qquad T13$$

(3)
$$(A \to B) \to (A \to \neg\neg B) \qquad MP(2)(1)$$

(4)
$$(A \to \neg\neg B) \to (\neg B \to \neg A) \qquad A05$$

(5)
$$(3) \to [(4) \to (6)] \qquad A03$$

(6)
$$(A \to B) \to (\neg B \to \neg A) \qquad MP(MP(5)(3))(4)$$

□

$T20$ $\vdash A \vee \neg A$(证明留作习题)

引理8.2 (1) 若A为公理，则$\Gamma \vdash A$.

(2) 若$A \in \Gamma$，则$\Gamma \vdash A$.

(3) 若$\Gamma \vdash A$且$\Gamma \vdash A \to B$，则$\Gamma \vdash B$.

(4) 若$\Gamma \vdash A \to (A \to B)$，则$\Gamma \vdash (A \to B)$.

(5) 若$\Gamma \vdash C \to (B \to A)$且$\Gamma \vdash C \to B$，则$\Gamma \vdash C \to A$.

证明(5): 由$T16$知

$$\Gamma \vdash [C \to (B \to A)] \to [(C \to B) \to (C \to A)]$$

可证，设它的证明过程为$P_1, \cdots, P_l$. $\Gamma \vdash C \to (B \to A)$与$\Gamma \vdash C \to B$的证明过程分别为$Q_1, \cdots, Q_m$和$R_1, \cdots, R_n$.

从而$\Gamma \vdash C \to A$的证明过程为

$$P_1, \cdots, P_l, Q_1, \cdots, Q_m, R_1, \cdots, R_n, (C \to B) \to (C \to A), C \to A.$$

故$\Gamma \vdash C \to A$可证. □

定理8.3 (推理定理) 若$\Gamma, C \vdash A$，则$\Gamma \vdash C \to A$. 这里Γ, C为$\Gamma \cup \{C\}$的简写.

证明: 设$\Gamma, C \vdash A$，对$\Gamma, C \vdash A$的证明过程$A_1, \cdots, A_n$的长度归纳证明$\Gamma \vdash C \to A$.

情况1: A为公理或$A \in \Gamma$, 易见$\Gamma \vdash A$, 又$\Gamma \vdash A \to (C \to A)$ $(T15)$

从而由引理 8.2中的3)知，$\Gamma \vdash C \to A$.

情况2: C为A, 从而$\Gamma \vdash A \to A$, 即$\Gamma \vdash C \to A$.

情况3: A_n由A_i, A_j实施MP而得，这里$i, j < n$且A_i为$A_j \to A_n$.

归纳假设: $\Gamma \vdash C \to A_i$, $\Gamma \vdash C \to A_j$. 以下分情况证明$\Gamma \vdash C \to A_n$.

1) A_j为C. 因为$\Gamma \vdash C \to A_i$, 且A_i为$C \to A$, 从而$\Gamma \vdash C \to (C \to A)$, 由引理 8.2中的(4)知，$\Gamma \vdash C \to A$.

2) A_j不为C. 因为$\Gamma \vdash C \to A_i$, $\Gamma \vdash C \to A_j$即$\Gamma \vdash C \to (A_j \to A)$, 且$\Gamma \vdash (C \to A_j)$, 从而由引理 8.2中的(5)知，$\Gamma \vdash C \to A$. □

$T21$ $$A, \neg A \vdash \neg B$$

(1) A

(2) $\neg A$

(3) $A \to (B \to A)$

(4) $\neg A \to (B \to \neg A)$

(5) $B \to A$

(6) $B \to \neg A$

(7) $(B \to \neg A) \to (A \to \neg B)$

(8) $A \to \neg B$

(9) $(5) \to ((8) \to (B \to \neg B))$

(10) $B \to \neg B$

(11) $(B \to \neg B) \to \neg B$ (见$T23$)

(12) $\neg B$

$T22$ $$A, \neg A \vdash B$$

$T23$ $$(B \to \neg B) \to \neg B$$

证明: $\because B, B \to \neg B \vdash \neg B$

由推理定理知，$B \vdash (B \to \neg B) \to \neg B$

又$\because \vdash [(B \to \neg B) \to \neg B] \to [B \to \neg(B \to \neg B)]$ (公理)

$\therefore \vdash B \to (B \to \neg(B \to \neg B))$

又$\vdash [B \to (B \to \neg(B \to \neg B))] \to (B \to \neg(B \to \neg B))$ (公理)

$\therefore \vdash B \to \neg(B \to \neg B)$

从而$\vdash (B \to \neg B) \to \neg B$. □

$T24$ $$\vdash (A \to (C \wedge \neg C)) \to \neg A$$

证明: $\because \vdash (C \wedge \neg C) \to \neg A$ (由$T21$)

$\therefore \vdash (A \to (C \wedge \neg C)) \to (A \to \neg A)$

又$\vdash (A \to \neg A) \to \neg A$ $T23$

故$\vdash (A \to (C \wedge \neg C)) \to \neg A$. □

以下定理$T25$～$T31$留作习题.

$T25$ $$(B \vee A) \to (\neg A \to B)$$

$T26$ $$(A \to B) \to (B \vee \neg A)$$

$T27$ $$(A \vee B) \to (B \vee A)$$

$T28$ $$(A \to (B \to C)) \to ((A \wedge B) \to C)$$

$T29$ $$(C \vee A) \to ((C \vee B) \to (C \vee (A \wedge B)))$$

$T30$ $$(C \vee A) \to [(B \to C) \to ((A \to B) \to C)]$$

$T31$ $$(A \to (C \vee B)) \to (C \vee (A \to B))$$

定理8.4 设A为命题，若A在H中可证，则矢列$\vdash A$在G'中可证.

证明: 设A在H中可证，对$\vdash_H A$证明过程的长度归纳证明$\vdash A$在G中可证.

情况1: A为公理, 即A为$A01$或$A02\cdots$或$A12$.

(01)
$$\dfrac{A \vdash A}{\vdash A \to A}\to R$$

(02)
$$\dfrac{\dfrac{\dfrac{\dfrac{B \to C, B, A \vdash A, C \qquad \dfrac{C, B, A \vdash C \qquad C, B, A \vdash B, C}{(B \to C), B, A \vdash C}\to L}{A \to (B \to C), B, A \vdash C}\to L}{A \to (B \to C), B \vdash A \to C}\to R}{A \to (B \to C) \vdash B \to (A \to C)}\to R}{\vdash (A \to (B \to C)) \to (B \to (A \to C))}\to R$$

(03)(04)同理可证.

(05)
$$\dfrac{\dfrac{\dfrac{A, B \vdash A \qquad \dfrac{A, B \vdash B}{A, \neg B, B \vdash}}{A, A \to \neg B, B \vdash}\to L}{A \to \neg B, B \vdash \neg A}\to R}{\dfrac{A \to \neg B \vdash B \to \neg A}{\vdash (A \to \neg B) \to (B \to \neg A)}\to R}\to R$$

(06)易见.

(07)
$$\dfrac{\dfrac{A, B \vdash A}{A \wedge B \vdash A}\wedge L}{\vdash (A \wedge B) \to A}\to R$$

(08)与(07)同理.

(09)、(10)和(11)易见.

(12)

$$\dfrac{\dfrac{\dfrac{B \to C, A \vdash A, C \quad C, B \vdash C, A \vdash C}{A \to C, B \to C, A \vdash C}\to L \dfrac{A \to C, B \vdash C, B \quad A \to C, C, B \vdash C}{A \to C, B \to C, B \vdash C}\to L}{A \to C, B \to C, A \vee B \vdash C}\to L}{\vdash (A \to C) \to ((B \to C) \to ((A \vee B) \to C))}(3次)\to R$$

情况2: A由$B \to A$和B实施MP而得.

由I.H.知，矢列 $\vdash B \to A$和$\vdash B$在G中可证. 在G中证明$\vdash A$如下:

$$\dfrac{\dfrac{\dfrac{B \vdash A, B \qquad B, A \vdash A}{B \to A, B \vdash A}\to L \qquad \vdash B}{B \to A \vdash A}\text{Cut} \qquad \vdash B \to A}{\vdash A}\text{Cut}$$

因此$\vdash A$得证. □

定理8.5 若$\Gamma \vdash \Delta$在G中可证，则在H中$\Gamma \vdash \overline{\Delta}$，这里

$$\overline{\Delta} \overset{=}{\Delta} \begin{cases} (\cdots(B_1 \vee B_2)\cdots \vee B_n), \Delta \neq \emptyset \text{ and } \Delta = \{B_1, \cdots, B_n\} \\ \bot, \Delta = \emptyset, \end{cases}$$

记$\bot$为$(C \wedge \neg C)$.

证明: 设$\Gamma \vdash \Delta$在G中可证，对$\Gamma \vdash \Delta$的证明结构作归纳来证明$\Gamma \vdash \overline{\Delta}$在$H$中成立.
情况1: $\Gamma \vdash \Delta$为公理，设为$\emptyset, A \vdash \Lambda, A$.

(1) 当Λ为空时，易见$\emptyset, A \vdash_H A$.

(2) 当Λ非空时，$\emptyset, A \vdash_H \overline{\Lambda} \vee A$的证明过程如下:

(a) A (假设)

(b) $A \to \overline{\Lambda} \vee A$ (公理)

(c) $\overline{\Lambda} \vee A$ MP(b)(a)

情况2: $\Gamma \vdash \Delta$由实施规则而得.

(1) 对于规则

$$\neg L : \frac{\Gamma \vdash \Delta, A}{\Gamma, \neg A \vdash \Delta}$$

当Δ为空时, 由I.H.知$\Gamma \vdash_H A$, 证明$\Gamma, \neg A \vdash C \wedge \neg C$如下:

(a) A $(\Gamma \vdash_H A)$

(b) $\neg A$ (假设)

(c) $A \wedge \neg A$

(d) $C \wedge \neg C$ $(T32)$

当Δ非空时, 由I.H.知$\Gamma \vdash_H \overline{\Delta} \vee A$, $\Gamma, \neg A \vdash_H \overline{\Delta}$的证明如下:

(a) $\neg A$ (假设)

(b) $\overline{\Delta} \vee A$ $(\Gamma \vdash \overline{\Delta} \vee A)$

(c) $(\overline{\Delta} \vee A) \to (\neg A \to \overline{\Delta})$ $T25$

(d) $\overline{\Delta}$ MP(MP(c)(b))(a)

(2) 对于规则

$$\neg R: \frac{\Gamma, A \vdash \Delta}{\Gamma \vdash \Delta, \neg A}$$

当Δ为空时, 由I.H.知$\Gamma, A \vdash_H \bot$, 由推理定理得$\Gamma \vdash_H A \to \bot$

又

$$\vdash_H (A \to \bot) \to \neg A \qquad T24$$

从而$\Gamma \vdash_H \neg A$.

当Δ非空时, 由I.H.知$\Gamma, A \vdash_H \overline{\Delta}$

由推理定理得$\Gamma \vdash_H A \to \overline{\Delta}$

又

$$\vdash_H (A \to \overline{\Delta}) \to \overline{\Delta} \vee (\neg A) \qquad T26$$

故$\Gamma \vdash_H \overline{\Delta} \vee (\neg A)$.

(3) 对于规则

$$\vee L: \frac{\Gamma, A \vdash \Delta \qquad \Gamma, B \vdash \Delta}{\Gamma, A \vee B \vdash \Delta}$$

当Δ为空时, 由I.H.知$\Gamma, A \vdash_H \bot$, $\Gamma, B \vdash_H \bot$, 由推理定理得$\Gamma \vdash_H A \to \bot$且$\Gamma \vdash_H B \to \bot$

又

$$\vdash_H (A \to \bot) \to [(B \to \bot) \to ((A \vee B) \to \bot)] \qquad (A12)$$

从而$\Gamma \vdash_H (A \vee B) \to \bot$, 因此$\Gamma, A \vee B \vdash \bot$.

当Δ非空时, 由I.H.知$\Gamma, A \to_H \overline{\Delta}$, $\Gamma, B \vdash_H \overline{\Delta}$与上同理得$\Gamma, A \vee B \vdash \overline{\Delta}$.

(4) 对于规则

$$\vee R: \frac{\Gamma \vdash \Delta, A, B}{\Gamma \vdash \Delta, A \vee B}$$

由I.H. 知$\Gamma \vdash_H (\overline{\Delta} \vee A) \vee B$, 由$T27$知$\Gamma \vdash_H \overline{\Delta} \vee (A \vee B)$.

(5) 对于规则

$$\wedge L: \frac{\Gamma, A, B \vdash \Delta}{\Gamma, A \wedge B \vdash \Delta}$$

由I.H.知$\Gamma, A, B \vdash_H \overline{\Delta}$, 由推理定理得$\Gamma \vdash_H A \to (B \to \overline{\Delta})$，又

$$\Gamma \vdash_H [A \to (B \to \overline{\Delta})] \to [(A \wedge B) \to \overline{\Delta}] \quad (T28)$$

故$\Gamma \vdash (A \wedge B) \to \overline{\Delta}$.

(6) 对于规则

$$\wedge R: \frac{\Gamma \vdash \Delta, A \qquad \Gamma \vdash \Delta, B}{\Gamma \vdash \Delta, (A \wedge B)}$$

当Δ为空时, 易见.

当Δ非空时, 由I.H.知$\Delta \vdash_H \overline{\Delta} \vee A$, $\Gamma \vdash_H \overline{\Delta} \vee B$

$$\because \vdash_H (\overline{\Delta} \vee A) \to ((\overline{\Delta} \vee B) \to (\overline{\Delta} \vee (A \wedge B))) \quad T29$$

$$\therefore \Gamma \vdash \overline{\Delta} \vee (A \wedge B)$$

(7) 对于规则

$$\to L: \frac{\Gamma \vdash \Delta, A \qquad \Gamma, B \vdash \Delta}{\Gamma, A \to B \vdash \Delta}$$

当Δ为空时, 由I.H.知$\Gamma \vdash_H A$, $\Gamma, B \vdash_H \perp$,

从而$\Gamma \vdash_H B \to \perp$, 易见$\Gamma, A \to B \vdash_H \perp$.

当Δ非空时, 由I.H.知$\Gamma \vdash_H \overline{\Delta} \vee A$, $\Gamma, B \vdash_H \overline{\Delta}$, 从而$\Gamma \vdash_H B \to \overline{\Delta}$, 又

$$\because \vdash_H (C \vee A) \to [(B \to C) \to ((A \to B) \to C)] \quad T30$$

这里取C为$\overline{\Delta}$,

$$\therefore \Gamma, A \to B \vdash_H \overline{\Delta}$$

(8) 对于规则

$$\to R: \frac{\Gamma, A \vdash \Delta, B}{\Gamma \vdash \Delta, A \to B}$$

当Δ为空时, 由I.H.知$\Gamma, A \vdash_H B$

从而由推理定理得$\Gamma \vdash_H A \to B$.

当Δ非空时, 由I.H.知$\Gamma, A \vdash_H \overline{\Delta} \vee B$

从而$\Gamma \vdash_H A \to (\overline{\Delta} \vee B)$

又

$$\vdash_H (A \to (C \vee B)) \to (C \vee (A \to B)) \quad T31$$

取C为$\overline{\Delta}$, 故$\Gamma \vdash_H \overline{\Delta} \vee (A \to B)$.

归纳完成. □

推论 8.6 $\vdash A$在G中可证$\Leftrightarrow A$在H中可证.

这就说明G与H等价.

第八讲习题

1. 证明 $T25 \sim T31$.

2. 证明：若 B 为 A 的 $\wedge\vee-nf$ 或 $\vee\wedge-nf$，则 $\vdash_H A \leftrightarrow B$.

3. 证明$\vdash A \vee \neg A$.

CHAPTER 9

第九讲

一阶逻辑的永真推理系统

本讲介绍一阶逻辑的永真推理系统. 在第八讲中，我们给出了命题演算的永真推理系统 H，已经感受了所谓的 Hilbert 风格，现在给出一阶逻辑的 Hilbert 公理系统 PK. 历史上，人们为一阶逻辑构作出颇多的公理系统，其包括公理与规则，由于公理与规则的不同选择，因而产生了不同的系统. 本讲给出的 PK 系统只包含一条规则 MP 和无穷条公理，而 Gentzen 系统只包含一条公理和无穷条规则. 虽然风格迥异，但 Hilbert 系统 PK 与 Gentzen 系统 LK 是等价的，即 $\vdash A$ 在 G 中可证当且仅当 A 在 PK 中可证.

定义9.1　设 $\mathscr{L}$ 为一阶语言，A 为 $\mathscr{L}$ 公式，$x_1, \cdots, x_n$ 为变元，则称 $\forall x_1 \forall x_2 \cdots \forall x_n.A$为 A 的全称化. 当 $n = 0$ 时，$\forall x_1 \forall x_2 \cdots \forall x_n.A$ 为 A.

定义9.2　一阶逻辑的Hilbert系统 PK 由以下公理与规则组成.

第一组：命题演算公理 $A01 \sim A12$,这里 A，B，C 为任何公式:

第二组：

$A13$ $\forall x A \to A[\frac{t}{x}]$

$A14$ $A[\frac{t}{x}] \to \exists x A$

$A15$ $A \to \forall x A$，这里 $x \notin FV(A)$

A16 $\exists xA \to A$，这里 $x \notin FV(A)$

A17 $\forall x(A \to B) \to (\forall xA \to \forall xB)$

A18 $\forall x(A \to B) \to (\exists xA \to \exists xB)$

第三组：等词定理.

A19 $x \doteq x$

A20 $(x_1 \doteq y_1) \to \cdots ((x_n \doteq y_n) \to (f(x_1, \cdots, x_n) \doteq f(y_1, \cdots, y_n)))$，这里 f 为任何 n 元函数.

A21 $(x_1 \doteq y_1) \to \cdots ((x_n \doteq y_n) \to (P(x_1, \cdots, x_n) \to P(y_1, \cdots, y_n)))$，这里 P 为任何 n 元谓词.

第四组：前面各组中公理的全称化.

规则:$MP \ \dfrac{A \to B \ \ A}{B}$

约定：若 $\mathscr{L}$ 中含等词 $\doteq$，则 PK 中有第三组公理且有时记 PK 为 PK_e 或 $PK_{\doteq}$.

定义9.3 设 A 为公式，Γ 为公式集，

(1) 在 PK 中由 Γ 推导 A（记为 $\Gamma \vdash_{PK} A$，简记 $\Gamma \vdash A$）指存在序列 $A_1, \cdots, A_n$，使 A 为 A_n 且对任何 $i \leqslant n$ 有

(a) A_i 为公理.

或(b) $A_i \in \Gamma$

或(c) 存在 $j, k < i$ 使 A_j 为 $A_k \to A_i$，这时称 A_i 由其前 A_j 和 A_k 实施 MP 而得.

(2) 称以上的 $A_1, \cdots, A_n$ 为 $\Gamma \vdash A$ 的证明过程，其证明长度为 n.

(3) 当 $\Gamma \vdash A$ 可证时，称 A 为 $\Gamma-$ 定理，若 $\Gamma = \emptyset$，则称 A 为定理.

(4) $Th(\Gamma) = \{A | \Gamma \vdash A\}$.

命题逻辑中的一些结果在 PK 中同样成立. PK 的推理定理也同理可证.

定理9.4 若 $\Gamma, C \vdash A$，则 $\Gamma \vdash C \to A$.

在 PK 中进行推理时，我们需要证明一些上层定理 (metatheorem).

定理9.5 设 $x \notin FV(\Gamma)$，若 $\Gamma \vdash A$，则 $\Gamma \vdash \forall xA$.

证明: 设 $\Gamma \vdash A$ 的证明过程为 $A_1, \cdots, A_n$，对 n 归纳证明 $\Gamma \vdash \forall xA$ 如下:

情况1: A_n 为公理，从而 $\forall xA_n$ 亦然，故 $\Gamma \vdash \forall xA$.

情况2: $A_n \in \Gamma$，从而 $x \notin FV(A_n)$，由 A15 知 $A_n \to \forall x A_n$，故 $\Gamma \vdash \forall x A$.

情况3: A_n 由 A_i（其为 $A_j \to A_n$）与 A_j 实施 MP 而得，且 $i, j < n$. 由I.H. 知 $\Gamma \vdash \forall x(A_j \to A_n)$，$\Gamma \vdash \forall x A_j$. 又由 A17 知$\Gamma \vdash \forall x(A_j \to A_n) \to (\forall x A_j \to \forall x A_n)$，故 $\Gamma \vdash \forall x A$. □

定理9.6 设常元 c 不在 Γ, A 中出现，若 $\Gamma \vdash A[\frac{c}{x}]$，则 $\Gamma \vdash \forall x A$.

并且在 $\Gamma \vdash \forall x A$ 的证明过程中可不出现 c.

证明留作习题.

定理9.7 设常元 c 不在 Γ, A, B 中出现且 $x \notin FV(B)$，若 $\Gamma, A[\frac{c}{x}] \vdash B$，则 $\Gamma, \exists x A \vdash B$.

并且在 $\Gamma, \exists x A \vdash B$ 的证明过程中可不出现 c.

证明: 因为$\Gamma, A[\frac{c}{x}] \vdash B$

$\Rightarrow \Gamma \vdash A[\frac{c}{x}] \to B$（推理定理）

$\Rightarrow \Gamma \vdash \forall x(A \to B)$（定理 9.6）

$\Rightarrow \Gamma \vdash \exists x A \to \exists x B$（A18）

$\Rightarrow \Gamma, \exists x A \vdash \exists x B$（$A16 : \exists x B \to B$）

$\Rightarrow \Gamma, \exists x A \vdash B$

所以$\Gamma, \exists x A \vdash B$ 成立. □

命题9.8 (1) $\vdash \neg\forall x A \to \exists x \neg A$

(2) $\vdash \neg\exists x A \to \forall x \neg A$

(3) $\vdash \forall x \neg A \to \neg\exists x A$

(4) $\vdash \exists x \neg A \to \neg\forall x A$

证明: (1) 采用倒推法.

$\vdash \neg\forall x A \to \exists x \neg A$

$\Leftarrow \vdash \neg\exists x \neg A \to \forall x A$

$\Leftarrow \neg\exists x \neg A \vdash \forall x A$

$\Leftarrow \neg\exists x \neg A \vdash A[\frac{c}{x}]$ (定理 9.6)

$\Leftarrow \neg A[\frac{c}{x}] \vdash \exists x \neg A$

$\Leftarrow \vdash \neg A[\frac{c}{x}] \to \exists x \neg A$ (A14)

(2) 与(1)同理.

(3) $\vdash \forall x \neg A \to \neg \exists x A$

$\Leftarrow \forall x \neg A \vdash \neg \exists x A$

$\Leftarrow \exists x A \vdash \neg \forall x \neg A$

$\Leftarrow A[\frac{c}{x}] \vdash \neg \forall x \neg A$ (c为新变元)

$\Leftarrow \forall x \neg A \vdash \neg A[\frac{c}{x}]$

$\Leftarrow \vdash \forall x \neg A \to \neg A[\frac{c}{x}]$ $(A13)$

(4) 与(3)同理. □

事实上，我们有$\vdash \forall x.A \leftrightarrow \neg \exists x \neg A$与$\vdash \exists x A \leftrightarrow \neg \forall x \neg A$，$\forall, \exists$为对偶. 因此有些书中只讨论一个量词，如$\forall$，参见文献［4］.

命题9.9 设A为公式，若$\vdash_{PK} A$可证，则$\vdash A$在G中可证.

证明: 设$\vdash_{PK} A$可证，对$\vdash_{PK} A$的证明长度归纳证明$\vdash A$在G中可证.

情况1: A为公理.

(1) A为$A01$ ～$A12$，如前处理.

(2) 当A为$A13$时:

$$\dfrac{\dfrac{A[\frac{t}{x}], \forall x A \vdash A[\frac{t}{x}]}{\forall x A \vdash A[\frac{t}{x}]}\ \forall L}{\vdash \forall x A \to A[\frac{t}{x}]}\ \to R$$

故$\vdash A$在G中可证.

(3) 当A为$A14$时，与情况1下的(2)同理.

(4) 当A为$A15$时，这里$x \notin FV(A)$.

$$\dfrac{\dfrac{A \vdash A}{A \vdash \forall x A}\ \forall R}{\vdash A \to \forall x A}\ \to R$$

(5) 当A为$A16$时，与情况1下的(4)同理.

(6) 当A为$A17$时,

$$\dfrac{\dfrac{\dfrac{\dfrac{\dfrac{B, A \vdash B \quad A \vdash A, B}{A \to B, A \vdash B}\ \to L}{\forall x(A \to B), \forall x A, A \to B, A \vdash B}}{\forall x(A \to B), \forall x A \vdash B}\ \forall L\text{两次}}{\forall x(A \to B), \forall x A \vdash \forall x B}\ \forall R}{\vdash \forall x(A \to B) \to (\forall x A \to \forall x B)}\ \to R\text{两次}$$

(7) 当 A 为 $A18$时，与 $A17$ 同理（证明留作习题）

(8) 当 A 为 $A19$～$A21$ 时，在 $G_{\doteq}$ 中显而易见 A 可证.

情况2: 当 A 由 $B \to A$ 和 B 实施 MP 而得，如前处理. □

命题9.10 若 $\Gamma \vdash \Delta$ 在 G 中可证，则 $\Gamma \vdash \overline{\Delta}$ 在 PK 中可证.

证明: 对 $\Gamma \vdash \Delta$ 的证明结构作归纳来证明 $\Gamma \vdash \overline{\Delta}$ 在 PK 中可证.

情况1: $\Gamma \vdash \Delta$ 为公理，如前处理.

情况2: $\Gamma \vdash \Delta$ 由实施规则而得.

(1) 对于命题演算的规则，如前处理.

(2) 设 $\forall L: \dfrac{\Gamma, A[\frac{t}{x}], \forall x A \vdash \Delta}{\Gamma, \forall x A \vdash \Delta}$

由 I.H. 知 $\Gamma, A[\frac{t}{x}], \forall x A \vdash \overline{\Delta}$ 在 PK 中可证.

$\because \forall x A \vdash A[\frac{t}{x}]$ 在 PK 中可证

$\therefore \Gamma, \forall x A \vdash \overline{\Delta}$ 在 PK 中可证.

(3) 设 $\forall R: \dfrac{\Gamma \vdash A[\frac{y}{x}], \Delta}{\Gamma \vdash \forall x A, \Delta}$

由 I.H. 知 $\Gamma \vdash A[\frac{y}{x}] \vee \overline{\Delta}$ 在 PK 中可证.

从而 $\Gamma, \neg\overline{\Delta} \vdash A[\frac{y}{x}]$，故由定理 9.6知 $\Gamma, \neg\overline{\Delta} \vdash \forall x.A$ 可证，因此 $\Gamma \vdash (\forall x.A) \vee \overline{\Delta}$ 在 PK 中可证.

(4) $\exists L: \dfrac{\Gamma, A[\frac{y}{x}] \vdash \Delta}{\Gamma, \exists x A \vdash \Delta}$

由 I.H. 知 $\Gamma, A[\frac{y}{x}] \vdash \overline{\Delta}$ 可证，从而 $\Gamma, A[\frac{c}{x}] \vdash \overline{\Delta}$ 可证，这里 c 为新常元.

由前定理知 $\Gamma, \exists x A \vdash \overline{\Delta}$ 在 PK 中可证.

(5) $\exists R: \dfrac{\Gamma \vdash A[\frac{t}{x}], \exists x A, \Delta}{\Gamma \vdash \exists x A, \Delta}$

与情况2下的(2)同理可证. □

由以上两个命题可得定理9.11.

定理9.11 设 A 为公式，$\vdash A$ 在 G 中可证 $\Leftrightarrow$ A 在 PK 中可证，从而 G 与 PK 等价.

第九讲习题

1. 证明$\vdash \forall x(B \to A) \to (B \to \forall xA)$，这里$x \notin FV(B)$.

2. 证明$\vdash \forall x(A \to B) \to (\exists xA \to B)$，这里$x \notin FV(B)$.

3. 证明定理 9.6.

4. 在G中证明$A18$.

5. 证明在PK中以下公式可证.

   (1) $\forall x(A \wedge B) \to [(\forall xA) \wedge (\forall xB)]$

   (2) $(\exists xA) \vee (\exists xB) \to \exists x(A \vee B)$

6. 证明在PK中以下公式可证.

   (1) $\forall x(x \doteq x)$

   (2) $\forall x \forall y(x \doteq y \to y \doteq x)$

   (3) $\forall x \forall y \forall z((x \doteq y \wedge y \doteq z) \to x \doteq z)$

7. 证明在PK中，第三组公理可被等价替代为$A19: x \doteq x$和$A22: x \doteq y \to (A \to A')$，这里$A'$由在$A$中$y$替代若干个（包含0个，不必全部）$x$的自由出现而得.

8. 证明PK的公理皆永真，从而PK的定理皆永真.

CHAPTER 10
第 十 讲

Gentzen的Hauptsatz

本讲将给出一阶逻辑Gentzen系统的Hauptsatz(德文意为主要定理).

在证明Hauptsatz之前，我们先给出一阶逻辑的Gentzen系统 LK，这里的 LK 与以前讲述的 G 系统是等价的，但在表述上有两点不同，一是在一阶语言中区分自由变元与约束变元，二是在矢列中前件与后件为有穷序列，以前把它们看作有穷集合是为了简化规则.

Hauptsatz首先由Gentzen证明，后有一些修改的证法，本讲采用Buss的证法，该方法较为简洁.

定义10.1　一阶语言的字母表由以下成分组成:

(1) 逻辑符集合:

(a) 自由变元集$FV = \{a, a', a'', \cdots\}$

(b) 约束变元集$BV = \{x, x', x'', \cdots\}$

在本讲中，我们采取FV与BV皆为可数无穷集，且自由变元由$a, b, c, \cdots$表示，约束变元由$x, y, z, \cdots$表示.

(c) 联结词：$\neg, \vee, \wedge, \rightarrow$

(d) 量词：$\forall, \exists$

(e) 辅助符：(,)和,

(2) 非逻辑符集合$\mathscr{L}$：

(a) 常元符：$\mathscr{L}_c = \{c_0, c_1, \cdots\}$，这里 $\mathscr{L}_c$ 为可数集，可为空集.

(b) 函数符：$\mathscr{L}_f = \{f_0, f_1, \cdots\}$，这里 $\mathscr{L}_f$ 为可数集，对于每个函数f，赋于一个正整数 $\mu(f)$, 其为 f 的元数($arity$).

(c) 谓词符：$\mathscr{L}_p = \{p_0, p_1, \cdots\}$,这里 $\mathscr{L}_p$ 为可数集，对于每个谓词p，赋于一个非负整数 $\mu(p)$，其为 p 的元数. 当 $\mu(p)$ 为 0 时，称 p 为命题.

以后记$\mathscr{L} = \mathscr{L}_c \cup \mathscr{L}_f \cup \mathscr{L}_p$.

定义10.2 (项)

(1)每个自由变元为项;

(2)每个常元为项;

(3)若 f 为 n 元函数且 $t_1, \cdots, t_n$ 为项，则 $f(t_1, \cdots, t_n)$ 为项;

(4)项仅限于此.

定义10.3 (公式) 若 P 为 n 元谓词，$t_1, \cdots, t_n$为项，则 $P(t_1, \cdots, t_n)$ 称为原子公式.

以下归纳定义公式:

(1)每个原子公式为公式;

(2)若A, B为公式，则$(\neg A), (A \wedge B), (A \vee B)$和$(A \to B)$为公式;

(3) 若A为公式，a为自由变元且x为约束变元其不出现于A中，则 $\forall x A'$ 和 $\exists x A'$ 为公式，这里 A' 由在 A 中将 x 替代 a 的所有出现而得.

我们将用 A, B, C 等表示公式. 没有自由变元的公式称为句子. 当 $\mathscr{L}$ 确定时，项与公式皆由此而定，有时把 $\mathscr{L}$ 中的公式和项写为 $\mathscr{L}$-公式和 $\mathscr{L}$-项.

定义10.4 (公式的度) 设 A 为公式，它的度 $d(A)$ 定义如下:

(1) $d(A) = 0$, 当A为原子公式时;

(2) $d(\neg A) = d(A) + 1$;

(3) $d(A \wedge B) = d(A \vee B) = d(A \to B) = \max\{d(A), d(B)\} + 1$;

(4) $d(\forall xA) = d(\exists xA) = d(A) + 1$.

$d(A)$反映A的复杂度，以下对A的结构作归纳就是对 $d(A)$ 归纳.

定义10.5 (子公式) 设A为公式，对A的结构归纳定义A的子公式集sub(A)如下:

(1) 当A为原子公式时，$\text{sub}(A) = \{A\}$;

(2) 当A为$\neg B$时,$\text{sub}(A)=\text{sub}(B) \cup \{A\}$;

(3) 当A为 $B \wedge C$ 或 $B \vee C$ 或 $B \to C$ 时，$\text{sub}(A) = \text{sub}(B) \cup \text{sub}(C) \cup \{A\}$;

(4) 当A为 $\forall xB(x)$ 或 $\exists xB(x)$ 时，$\text{sub}(A)=(\cup\{\text{sub}(\text{B(t)})|\text{t}$为项$\}) \cup \{A\}$.

例:

(1) $\forall y(A(y) \wedge \exists xB(x))$是公式.

(2) $\forall x(A(x) \wedge \exists xB(x))$不是公式.

(3) $A(x) \wedge \exists xB(x)$不是公式.

(4) $A(a) \wedge \exists xB(x)$是公式.

把变元分为自由变元和约束变元两类后，给人们带来了许多技术上的方便. 例如，在定义代入时可以直接代入，无须改名.

约定：设$a \in FV$，t为项且A为公式，$A\left[\frac{t}{a}\right]$为在$A$中将$t$替代$a$的所有出现而得.

(1) 当$A(a)$表示A时，$A(t)$表示$A(t)$.

(2) 当$A(t)$和$A(s)$出现在同一个上下文中时，$A(t)$表示$A\left[\frac{t}{a}\right]$，$A(s)$表示$A\left[\frac{s}{a}\right]$.

定义10.6 (矢列)

(1)设Γ、Δ为公式的有穷序列(可为空)，$\Gamma \vdash \Delta$称为矢列，Γ和Δ分别称为前件和后件.

若 Γ 为 $A_1, \cdots, A_n$ 且 Δ 为 $B_1, \cdots, B_m$ ，则

$\Gamma \vdash \Delta$ 为 $A_1, \cdots, A_n \vdash B_1, \cdots, B_m$.

$\Gamma, A \vdash \Delta$ 为 $A_1, \cdots, A_n, A \vdash B_1, \cdots, B_m$.

$\Gamma \vdash \Delta, B$ 为 $A_1, \cdots, A_n, A \vdash B_1, \cdots, B_m, B$.

有些书中，矢列被表示为$\Gamma \to \Delta$.

(2)一个推理为如下表达形式:

$$\frac{S_1}{S} \text{ 或 } \frac{S_1 \quad S_2}{S}$$

这里S, S_1, S_2为矢列，这时S_1, S_2 被称为此推理的上矢列，S 被称为此推理的下矢列. 直觉地，一个推理表达由上到下的推导.

下面给出Gentzen的矢列演算 LK，其由以下的公理和规则构成.

公理：$A \vdash A$ ，这里A为原子公式.

规则：

(1) 结构规则

(a) 弱(weakening)

$$WL: \frac{\Gamma \vdash \Delta}{A, \Gamma \vdash \Delta} \qquad WR: \frac{\Gamma \vdash \Delta}{\Gamma \vdash \Delta, A}$$

(b) 凝(contraction)

$$CL: \frac{A, A, \Gamma \vdash \Delta}{A, \Gamma \vdash \Delta} \qquad CR: \frac{\Gamma \vdash \Delta, A, A}{\Gamma \vdash \Delta, A}$$

(c) 换(exchange)

$$EL: \frac{\Gamma, A, B, \Delta \vdash \Pi}{\Gamma, B, A, \Delta \vdash \Pi} \qquad ER: \frac{\Gamma \vdash \Delta, A, B, \Pi}{\Gamma \vdash \Delta, B, A, \Pi}$$

以上的规则称为弱规则.

(d) 切(Cut)

$$\frac{\Gamma \vdash \Delta, A \qquad A, \Gamma \vdash \Delta}{\Gamma \vdash \Delta}$$

其中，A称为切公式，$d(A)$称为该切规则的度.

(2) 逻辑规则

以下规则称为强规则.

(a)

$$\neg L: \quad \frac{\Gamma \vdash \Delta, A}{\neg A, \Gamma \vdash \Delta} \qquad \neg R: \quad \frac{A, \Gamma \vdash \Delta}{\Gamma \vdash \Delta, \neg A}$$

其中，A和$\neg A$分别称为该推理的辅公式和主公式.

(b)

$$\wedge L: \quad \frac{A, B, \Gamma \vdash \Delta}{A \wedge B, \Gamma \vdash \Delta} \qquad\qquad \wedge R: \quad \frac{\Gamma \vdash \Delta, A \qquad \Gamma \vdash \Delta, B}{\Gamma \vdash \Delta, A \wedge B}$$

其中，A和B称为该推理的辅公式, $A \wedge B$称为该推理的主公式.

(c)

$$\vee L: \quad \frac{A, \Gamma \vdash \Delta \qquad B, \Gamma \vdash \Delta}{A \vee B, \Gamma \vdash \Delta} \qquad\qquad \vee R: \quad \frac{\Gamma \vdash \Delta, A, B}{\Gamma \vdash \Delta, A \vee B}$$

其中，A和B称为该推理的辅公式, $A \vee B$称为该推理的主公式.

(d)

$$\to L: \quad \frac{\Gamma \vdash \Delta, A \qquad B, \Gamma \vdash \Delta}{A \to B, \Gamma \vdash \Delta} \qquad\qquad \to R: \quad \frac{A, \Gamma \vdash \Delta, B}{\Gamma \vdash \Delta, A \to B}$$

其中，A和B称为该推理的辅公式, $A \to B$称为该推理的主公式.

(e)

$$\forall L: \quad \frac{A(t), \Gamma \vdash \Delta}{\forall x A(x), \Gamma \vdash \Delta} \qquad\qquad \forall R: \quad \frac{\Gamma \vdash \Delta, A(b)}{\Gamma \vdash \Delta, \forall x A(x)}$$

其中， $A(t)$和$A(b)$ 称为该推理的辅公式, $\forall x A(x)$ 称为该推理的主公式.

(f)

$$\exists L: \quad \frac{A(b), \Gamma \vdash \Delta}{\exists x A(x), \Gamma \vdash \Delta} \qquad\qquad \exists R: \quad \frac{\Gamma \vdash \Delta, A(t)}{\Gamma \vdash \Delta, \exists x A(x)}$$

其中， $A(b)$和$A(t)$ 称为该推理的辅公式, $\exists x A(x)$ 称为该推理的主公式.

在量词规则中，A 为任何公式，t 为任何项. 在 $\forall R$ 和 $\exists L$ 中，自由变元 b 称为该推理的特征变元(eigen variable)，它必不出现在 Γ, Δ 中. 这就是所谓的特征变元限制.

以上完成了 LK 的构造.

定义10.7 (证明树) 设S、S_1和S_2为矢列.

(1) 若S为公理，则以S为结点的单点树为其证明树.

(2) 若有 LK 规则使$\frac{S_1}{S}$，且S_1有证明树T_1，则S的证明树为

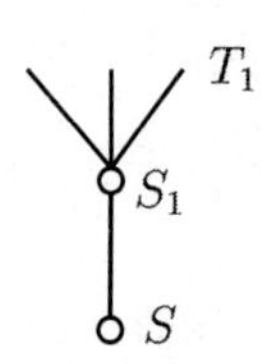

(3) 若有 LK 规则使 $\frac{S_1 S_2}{S}$ 且$S_i(i=1,2)$有证明树$T_i(i=1,2)$，则S的证明树为

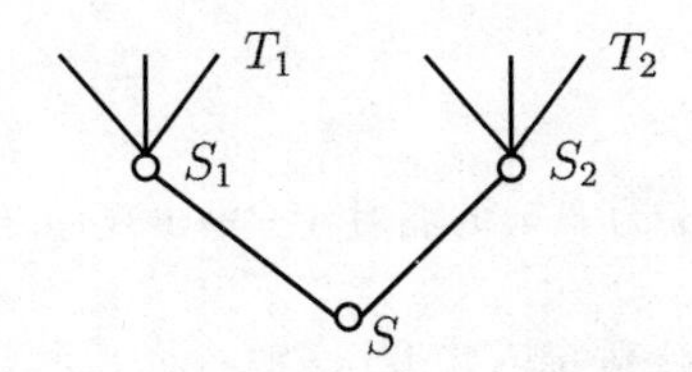

以下我们也把证明树简称证明.

在 LK 中，若 S 有证明树，则称 S 在 LK 中可证. 事实上，S 的证明树的最顶上的矢列为公理，它被称为初矢列；最下端的矢列为 S，它被称为终矢列.

以下定义给出一些术语.

定义10.8

(1)在 LK 的规则中，除主辅公式以外，在前后件 Γ, Δ, Π 或 Λ 中的公式被称为旁公式(side formula);

(2)立接后辈

(a) 设C为推理规则J中的旁公式，若C在J的上矢列的前后件中出现于某个位置，则在J的下矢列的前后件的相同位置上出现的唯一的C称为上面C的立接后辈. (b) 设C为推理规则J(其不为换和切)中的辅公式，那么相应的主公式为C的立接后辈. (c) 在换规则中，上矢列中的A和B的立接后辈分别为下矢列中的A和B. (d) 在Cut中，Cut公式没有立接后辈.

(3)C为D的立接前辈指D为C的立接后辈.

(4) C为D的前辈指存在$C_0, C_1, \cdots, C_n$，使C为C_0，C_n为D，且对任何$i<n, C_i$为C_{i+1}的立接前辈. 注意，当$n=0$ 时，C 为C的前辈.

(5)C为D的直接前辈指C为D的前辈且C与D相同.

(6) 后辈与直接后辈同样定义.

定义10.9 设P为证明树，a为自由变元，t为项，$P(t)$由在P任何公式中每个a的自由出现被t替代而得.

命题10.10 若$P(a)$为证明树，且a与t中的任何自由变元都不曾用作$P(a)$中的特征变元，

则$P(t)$为证明树.

证明留作习题.

定义10.11　设P为 LK 证明树，P为正则的指对于P中出现的任何自由变元a，有

(1)若 a 出现于P的终矢列中，则 a 不曾用作P的特征变元.

(2) 若 a 不出现于P的终矢列中，则 a 恰被用作P的某个规则J的特征变元一次，且 a 仅出现于推理J之上的矢列中.

命题10.12　若P为证明树，其终于$\Gamma \vdash \Delta$，则存在正则的证明树P'，其终于$\Gamma \vdash \Delta$.

证明留作习题.

定义10.13　设P为$\Gamma \vdash \Delta$的证明，若P中无切规则出现，则称P为无切证明，这时称$\Gamma \vdash \Delta$有无切证明.

约定10.14　设从S_1或S_1, S_2经有穷次结构推理规则得S，我们采用记号

$$\frac{S_1}{\overline{S}} \quad \text{或} \quad \frac{S_1 \quad S_2}{\overline{S}}$$

下面给出 Gentzen 系统的 Hauptsatz.

定理10.15　若 $\Gamma \vdash \Delta$ 在 LK 中有一证明，则 $\Gamma \vdash \Delta$ 在 LK 中有一无切证明.

我们先证明一些引理.

引理10.16　设 $\Gamma \vdash \Delta$ 的证明P呈形

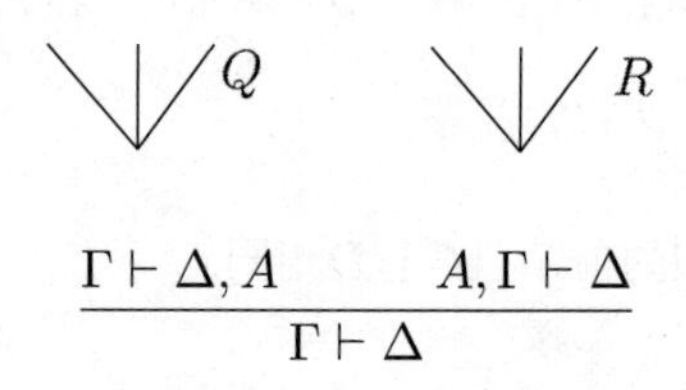

若 A 为原子公式且 Q 与 R 分别为 $\Gamma \vdash \Delta, A$ 与 $A, \Gamma \vdash \Delta$ 的无切证明，则存在 $\Gamma \vdash \Delta$ 的一个无切证明.

证明: 情况1: $A \in \Delta$，设 Δ 为 Δ_1, A, Δ_2，从而

$$\begin{array}{c} \bigvee Q \\ \Gamma \vdash \Delta, A \\ \hline\hline \Gamma \vdash \Delta_1, A, A, \Delta_2 \\ \hline\hline \Gamma \vdash \Delta_1, A, \Delta_2 \end{array}$$

它为 $\Gamma \vdash \Delta$ 的无切证明.

情况2: $A \in \Gamma$，与1)同理可证.

情况3: $A \notin \Gamma$ 且 $A \notin \Delta$，在R中将所有的 $\Pi \vdash \Lambda$ 由 $\Pi^-, \Gamma \vdash \Lambda, \Delta$ 替代而得 R'，这里 Π^- 为在 Π 中删去所有的A中的直接前辈而得. 除了初矢列外，R' 将成为一个终于 $\Gamma, \Gamma \vdash \Delta, \Delta$ 的证明. 对于初矢列$B \vdash B$，我们分情况讨论.

1) B 不是 A 的直接前辈，从而在 R' 中，$B \vdash B$ 变成 $B, \Gamma \vdash \Delta, B$, 从而

$$\frac{B \vdash B}{\overline{B, \Gamma \vdash \Delta, B}}$$

为 $B, \Gamma \vdash \Delta, B$ 的无切证明.

2) B 为 A 的直接前辈，即 B 为 A，从而在 R' 中，$B \vdash B$ 变成 $\Gamma \vdash \Delta, A$，而它有无切证明 Q.

因此我们可将 R' 变成证明 P^*，其中无切且终于 $\Gamma \vdash \Delta$. □

引理10.17 设 $\Gamma \vdash \Delta$ 的证明 P 呈形

$$\frac{\begin{array}{c}\bigvee Q \\ \Gamma \vdash \Delta, A\end{array} \qquad \begin{array}{c}\bigvee R \\ A, \Gamma \vdash \Delta\end{array}}{\Gamma \vdash \Delta} \text{Cut}$$

若 $d(A) = d$ 且在证明 Q 与 R 中所有Cut的度皆小于 d，则存在 $\Gamma \vdash \Delta$ 的证明 P^*，其中所有Cut的度皆小于 d.

证明: 首先我们可假定 P 是正则的，这是因为可进行有穷次的变元改名把 P 变为正则证明. 其次我们可假定 Q 与 R 皆包含至少一个强推理规则，这是因为若 Q 中仅含弱推理规则，则

$A \in \Gamma$，或有 B 使 $B \in \Gamma$ 且 $B \in \Delta$，从而 $\Gamma \vdash \Delta$ 可有无切证明. 若 R 中仅包含弱推理规则，则同理 $\Gamma \vdash \Delta$ 可有无切证明. 在以上两个假定下，我们对 $d(A)$ 归纳进行证明.

情况1: A 为原子的. 由引理10.16知结论成立.

情况2: A 为 $\neg B$.

构作 $B, \Gamma \vdash \Delta$ 的证明 Q^*，$\Gamma \vdash \Delta, B$ 的证明 R^*，从而

$$\dfrac{\dfrac{\bigvee R^*}{\Gamma \vdash \Delta, B} \qquad \dfrac{\bigvee Q^*}{B, \Gamma \vdash \Delta}}{\Gamma \vdash \Delta}\ \text{Cut}$$

得 P^*，其中最后Cut的度为 $d(A) - 1$.

1) 构作 Q^* 如下:

在 Q 中将每个 $\Pi \vdash \Lambda$ 由 $\Pi, B \vdash \Lambda^-$ 替代而得 Q'，其中 Λ^- 由在 Λ 中删去所有切公式A的直接前辈而得. 这时 Q' 还不是一个合法的证明，问题在于以下两点:

(a) Q 中 $\neg R$ 的推理:

$$\frac{B, \Pi \vdash \Lambda}{\Pi \vdash \Lambda, \neg B}$$

变成 Q' 中的

$$\frac{B, \Pi, B \vdash \Lambda^-}{\Pi, B \vdash \Lambda^-}$$

然而只需要变成

$$\frac{B, \Pi, B \vdash \Lambda^-}{\Pi, B \vdash \Lambda^-}$$

就合法了.

(b) 对于 Q 中的初矢列$C \vdash C$ (C 为原子的)，在 Q' 中变为 $B, C \vdash C$ ，而这可由

$$\frac{C \vdash C}{B, C \vdash C}\ WL$$

而得. 这样我们可构作 $B, \Gamma \vdash \Delta$ 的证明 Q^* ，其中任何Cut的度未变.

2) 同理构作 $\Gamma \vdash \Delta, B$ 的证明 R^* , 其中任何Cut的度未变.

情况3:A为 $B \vee C$.

1) 从Q构作 $\Gamma \vdash \Delta, B, C$ 的证明 Q^*. 在 Q 中将每个 $\Pi \vdash \Lambda$ 由 $\Pi \vdash \Lambda^-, B, C$ 替代而得 Q' ，这里 Λ^- 由在 Λ 中删去所有切公式的直接前辈而得. 这时 Q' 还不是一个合法的证明，问题在于以下两点:

(a) Q 中的 $\vee R$ 推理

$$\frac{\Pi \vdash \Lambda, B, C}{\Pi \vdash \Lambda, B \vee C}\ \vee R$$

变成 Q' 中的

$$\frac{\Pi \vdash \Lambda^-, B, C}{\Pi \vdash \Lambda^-, B, C}$$

我们删去此推理.

(b) 对于初矢列 $E \vdash E$ (E 为原子的)，在 G' 中变成 $E \vdash E, B, C$ ，而这可修正为

$$\frac{E \vdash E}{\overline{E \vdash E, B, C}}$$

这样我们可构作 $\Gamma \vdash \Delta, B, C$ 的证明 Q^* ，其中任何Cut的度未变.

2) 从 R 构作 $B, \Gamma \vdash \Delta$ 的证明 R_B.

在 R 中将每个 $\Pi \vdash \Delta$ 由 $B, \Pi^- \vdash \Delta$ 替代而得 R'_B ，这里 Π^- 由在 Π 中删去所有切公式 A 的直接前辈而得. 这时 R'_B 还不是一个合法的证明，问题在于以下两点:

(a) R 中的 $\vee L$ 推理:

$$\frac{B, \Pi \vdash \Lambda \qquad C, \Pi \vdash \Lambda}{B \vee C, \Pi \vdash \Lambda}$$

变成 R'_B 中的

$$\frac{B, \Pi^- \vdash \Lambda \qquad B, C, \Pi^- \vdash \Lambda}{B, \Pi^- \vdash \Lambda}$$

而这可删去以 $B, C, \Pi^- \vdash \Lambda$ 为根的子树.

(b) 对于初矢列 $E \vdash E$，在R'_B中变成 $B, E \vdash E$，而这由 $E \vdash E$ 即得. 这样我们可从 R'_B 构作合法的 $B, \Gamma \vdash \Delta$ 的证明 R_B，其中任何Cut的度未变.

3) 同理可构作 $C, \Gamma \vdash \Delta$ 的证明 R_C，其中任何Cut的度未变.

4) 构作 P^* 如下:

$$\dfrac{\dfrac{\overset{\vdots\, Q^*}{\Gamma \vdash \Delta, B, C} \qquad \dfrac{\overset{\vdots\, R_C}{C, \Gamma \vdash \Delta}}{C, \Gamma \vdash \Delta, B}\, WR}{\Gamma \vdash \Delta, B}\, Cut \qquad \overset{\vdots\, R_B}{B, \Gamma \vdash \Delta}}{\Gamma \vdash \Delta}\, Cut$$

这样 P^* 为 $\Gamma \vdash \Delta$ 的证明，且 P^* 中Cut的度皆小于 $d(A)$.

情况4:当 A 为 $B \wedge C, B \to C$ 时，同理可证.

情况5: A 为 $\exists x.B(x)$:

1) 在 Q 中，$\exists x.B(x)$ 的引入只能有两种方式：由弱规则和 $\exists R$ 规则引入. 设在 Q 中总共存在 $k(\geqslant 0)$ 个 $\exists R$ 推理规则，使它们的主公式为切公式 $\exists x.B(x)$ 的直接前辈，令它们为

$$\frac{\Pi_i \vdash \Lambda_i, B(t_i)}{\Pi_i \vdash \Lambda_i, \exists x B(x)}$$

这里$i = 1, 2, \cdots, k$.

2) 同样，设在 R 中总共存在 $l(\geqslant 0)$ 个 $\exists L$ 推理规则，使它们的主公式为切公式 $\exists x.B(x)$ 的直接前辈，令它们为

$$\frac{B(a_j), \Pi'_j \vdash \Lambda'_j}{\exists x B(x), \Pi'_j \vdash \Lambda'_j}$$

这里$j = 1, 2, \cdots, l$.

3) 对于每个 $i \leqslant k$，构作 $B(t_i), \Gamma \vdash \Delta$ 的证明 R_i. 在 R 中进行如下操作:

(a) 在 R 中，$a_j(j \leqslant l)$ 的每个出现皆由 t_i 替代;

(b) 在 R 中，切公式 $\exists x B(x)$ 的每个直接前辈由 $B(t_i)$ 替代;

(c) 删去这些 l 个 $\exists L$ 推理. 这样就得到 R_i. 而且P 的正则性保证以上操作不影响 R 中的特征变元条件.

4) 在 Q 中，每个 $\Pi \vdash \Lambda$ 由 $\Pi, \Gamma \vdash \Delta, \Lambda^-$ 替代，这里 Λ^- 由在 Λ 中删去所有切公式 A 的直接前辈而得. 这样构作了树 Q'，这时 Q' 并非为合法的证明. 对 Q' 作如下操作后，其成为$\Gamma \vdash \Delta$ 的证明 P^*：

(a) 对于 Q' 的初矢列$E, \Gamma \vdash \Delta, E$，只需加上

$$\frac{E \vdash E}{\overline{\overline{E, \Gamma \vdash \Delta, E}}}$$

就是合法证明.

(b) 对于 Q 中的第 i 个 $\exists R$ 推理，它在 Q' 中变为

$$\frac{\Pi_i, \Gamma \vdash \Delta, \Lambda_i, B(t_i)}{\Pi_i, \Gamma \vdash \Delta, \Lambda_i}$$

而这可由以下推理替代成合法证明:

$$\dfrac{\Pi_i, \Gamma \vdash \Delta, \Lambda_i, B(t_i) \qquad \dfrac{\dfrac{\bigvee R_i}{B(t_i), \Gamma \vdash \Delta}}{\overline{\overline{B(t_i), \Pi_i, \Gamma \vdash \Delta, \Lambda_i}}}}{\Pi_i, \Gamma \vdash \Delta, \Lambda_i}\,Cut$$

注意：此Cut的度为 $d(A) - 1$.

(c) Q' 的终矢列为 $\Gamma, \Gamma \vdash \Delta, \Delta$，这只需要加上

$$\frac{\Gamma, \Gamma \vdash \Delta, \Delta}{\Gamma \vdash \Delta}$$

就是合法证明.

这样的 P^* 为 $\Gamma \vdash \Delta$ 的证明，其中所有切公式的度皆小于 $d(A)$. 归纳完成. □

引理10.18 *若 P 为 $\Gamma \vdash \Delta$ 的证明，其中所有Cut的度 $\leqslant d$，则存在 $\Gamma \vdash \Delta$ 的证明 P^*，其中所有Cut的度 $< d$.*

证明: 令 k 为 P 中度为 d 的Cut的个数. 对 k 归纳证明结论如下: :

奠基： $k = 0$，易见结论为真.

归纳假设: 设 $k \leqslant n$ 时，结论成立.

归纳步骤： $k = n + 1$，不妨设 P 终于度为 $n + 1$ 的Cut推理：

$$\frac{\begin{array}{c}\bigvee Q\\ \Gamma \vdash \Delta, A\end{array} \qquad \begin{array}{c}\bigvee R\\ A, \Gamma \vdash \Delta\end{array}}{\Gamma \vdash \Delta}$$

因为 Q 和 R 中度为d的Cut的个数各自皆小于或等于 n，故由 I.H. 知存在 $\Gamma \vdash \Delta, A$ 的证明 Q^* 和 $A, \Gamma \vdash \Delta$ 的证明 R^*，其中所有Cut 的度小于d，从而构作 P' 为

$$\frac{\begin{array}{c}\bigvee Q^*\\ \Gamma \vdash \Delta, A\end{array} \qquad \begin{array}{c}\bigvee R^*\\ A, \Gamma \vdash \Delta\end{array}}{\Gamma \vdash \Delta}$$

再由引理10.17知结论成立. □

Hauptsatz 的证明: 设 P 为 $\Gamma \vdash \Delta$ 的证明，令

$$d(P) = \max\{d(A) | A \text{ 为 } P \text{ 中出现的切公式 }\}.$$

对于 $d(P)$ 归纳证明 $\Gamma \vdash \Delta$ 有一个无切证明.

奠基：$d(P)=0$，从而 P 中所有的切公式皆为原子的，由引理 10.16 知

$\Gamma \vdash \Delta$ 有一个无切证明.

归纳假设：$d(P) \leqslant l$ 时结论成立.

归纳步骤：$d(P)=l+1$，由引理 10.18 知存在 $\Gamma \vdash \Delta$ 的证明 P^* 且

$d(P^*) \leqslant l$，从而由归纳假设知 $\Gamma \vdash \Delta$ 有一个无切证明. □

这样就完成了 Hauptsatz 的证明，该定理有许多重要的推论，如 Craig 定理、 Robinson 定理等(参见文献［8］).

第十讲习题

1. 在 LK 中将公理替换为 $\Gamma, A, \Delta \vdash \Pi, A, \Lambda$ (这里 A 为任何公式)而得系统 LK'，证明 LK 等价于 LK'，即 $\Gamma \vdash \Delta$ 在 LK 中可证 $\Leftrightarrow$ $\Gamma \vdash \Delta$ 在 LK' 中可证.

2. 在 LK 的一个证明中，若 C 为 D 的前辈，则 C 为 D 的子公式.

3. 在 LK 中给出 $\forall x A(x) \to B \vdash \exists x(A(x) \to B)$ 的无切证明，这里 $A(a)$ 和 B 互异且皆为原子的，且 B 为句子.

4. 证明命题 10.10.

5. 设规则 mix (相对于 A)为

$$\frac{\Gamma \vdash \Delta \quad \Pi \vdash \Lambda}{\Gamma, \Pi^* \vdash \Delta^*, \Lambda}$$

证明 $LK - Cut + mix$ 等价于 LK. 这里 Π 与 Δ 中皆包含 A，且 Π^* 和 Δ^* 分别由在 Π 和 Δ 中删去所有 A 的出现而得.

6. 证明在 LK 的一个无切证明中，任何出现的公式皆为终矢列中某个公式的子公式.

7. 证明空矢列 $\vdash$ 在 LK 中不可证.

8. 证明 $P(a) \vdash Q(a)$ 在 LK 中不可证，这里 P 和 Q 为一元谓词且互异，a 为常元.

9. 在 LK 中给出 $A \to (B \to C) \vdash B \to (A \to C)$ 的无切证明.

CHAPTER 11

第 十一 讲

紧性定理

紧性定理是符号逻辑的一个极其重要的定理. 本讲主要给出命题逻辑和一阶逻辑的紧性定理，并用语义方法证明此定理.

定义11.1　设 E 为非空集，$F \subseteq \mathcal{P}(E)$.

1) F 为 E 上滤指

(a) $E \in F$

(b) $A, B \in F \Rightarrow A \cap B \in F$

(c) $B \supseteq A \in F \Rightarrow B \in F$

(d) $\varnothing \notin F$

2) F为E上超滤指

(a) F为E上滤

(b) D为E上滤且$F \subseteq D \Rightarrow F = D$

3) 设$\varnothing \neq C \subseteq \mathcal{P}(E)$，$C$有有穷交性质 (f.i.p.) 指

$\forall A_1, \cdots, A_n \in C, A_1 \cap A_2 \cap \cdots \cap A_n \neq \varnothing$.

命题11.2 令$C^+ = \{A \subseteq E \mid \exists A_1 \exists A_2 \cdots \exists A_n \in C.A_1 \cap A_2 \cap \cdots \cap A_n \subseteq A\}$，则

(1) $C \subseteq C^+$;

(2) C^+为E上滤$\Leftrightarrow$ C有 f.i.p.;

(3) 若$C \subseteq D$且D为E上滤，则$C^+ \subseteq D$;

(4) 若C^+为滤，则$C^+ = \bigcap\{F \mid C \subseteq F$ 且F为E 上滤$\}$，称C^+为由C生成的滤.

证明: (1) $C \subseteq C^+$ 易见.

(2) $\because C^+$ 满足滤定义中的 (a)~(c)

$\therefore C^+$ 为 E 上滤

$\Leftrightarrow \emptyset \notin C^+$

$\Leftrightarrow \forall A_1 \forall A_2 \cdots \forall A_n \in C, A_1 \cap A_2 \cap \cdots \cap A_n \neq \emptyset$

$\Leftrightarrow C$ 有 f.i.p..

(3) 设 $C \subseteq D$ 且 D 为滤.

$\because A \in C^+ \Rightarrow \exists A_1 \exists A_2 \cdots \exists A_n \in C.A_1 \cap A_2 \cap \cdots \cap A_n \subseteq A$

$\Rightarrow \exists A_1 \exists A_2 \cdots \exists A_n \in D.A_1 \cap A_2 \cap \cdots \cap A_n \subseteq A$

$\Rightarrow \exists B \in D.B \subseteq A$

$\Rightarrow A \in D$

$\therefore C^+ \subseteq D$.

(4) 由 (3) 知 $C^+ \subseteq \bigcap\{F \mid C \subseteq F$ 且 F 为 E 上滤 $\}$

$\because C^+$ 为滤,

$\therefore C^+ \in \{F \mid C \subseteq F$ 且 F 为 E 上滤 $\}$，从而

$C^+ \supseteq \bigcap\{F \mid C \subseteq F$ 且 F 为 E 上滤 $\}$

因此等式成立. □

命题11.3 设 $\emptyset \neq U \subseteq \mathcal{P}(E)$ 且 U 有 f.i.p.，我们有

U 为 E 上超滤 $\Leftrightarrow \forall \mathbb{X} \subseteq E, \mathbb{X} \in U \leftrightarrow (E - \mathbb{X}) \notin U$.

证明: “$\Rightarrow$”：设 U 为 E 上超滤，

(1) 设 $\mathbb{X} \in U$：欲证 $E - \mathbb{X} \notin U$，反设 $E - \mathbb{X} \in U$，从而 $\varnothing = \mathbb{X} \cap (E - \mathbb{X}) \in U$ 矛盾!

(2) 设 $E - \mathbb{X} \notin U$，欲证 $\mathbb{X} \in U$，令 $C = U \cup \{\mathbb{X}\}$，从而 C 有 f.i.p.，这是因为对于 $\mathbb{Y} \in U$，若 $\mathbb{Y} \cap \mathbb{X} = \varnothing$，则 $\mathbb{Y} \subseteq E - \mathbb{X}$，从而 $E - \mathbb{X} \in U$，矛盾.

因此 C^+ 为 E 上滤，且 $C^+ \supseteq U$，从而 $C^+ = U$（U 为超滤）. 故 $\mathbb{X} \in U$.

"$\Leftarrow$"：设 $\mathbb{X} \in U \leftrightarrow (E - \mathbb{X}) \notin U$ 对任何 $\mathbb{X} \subseteq E$ 成立. 欲证 U 为超滤.

(1) $\because U$ 有 f.i.p. $\therefore \varnothing \notin U$.

(2) $\because E \in U \leftrightarrow E - E \notin U \leftrightarrow \varnothing \notin U \therefore E \in U$.

(3) 设 $\mathbb{X}, \mathbb{Y} \in U$,

$\because \mathbb{X} \cap \mathbb{Y} \cap ((E - \mathbb{X}) \cup (E - \mathbb{Y})) = \varnothing$

$\therefore (E - \mathbb{X}) \cup (E - \mathbb{Y}) \notin U$，从而 $E - (\mathbb{X} \cap \mathbb{Y}) \notin U$，故 $\mathbb{X} \cap \mathbb{Y} \in U$.

(4) 设 $\mathbb{X} \in U$ 且 $\mathbb{Y} \supseteq \mathbb{X}$,

$\because \mathbb{X} \cap (E - \mathbb{Y}) = \varnothing$

$\therefore E - \mathbb{Y} \notin U$，故 $\mathbb{Y} \in U$. 从 1)~4) 知 U 为滤.

(5) 对于 $U \subseteq D$ 且 D 为 E 上滤，欲证 $U = D$，只需证若 $\mathbb{X} \in D$，则 $\mathbb{X} \in U$.

$\because (E - \mathbb{X}) \cap \mathbb{X} = \varnothing$

$\therefore E - \mathbb{X} \notin D$.

反设 $\mathbb{X} \notin U$，则 $E - \mathbb{X} \in U$，从而 $E - \mathbb{X} \in D$，矛盾! 因此 $\mathbb{X} \in U$. □

在以下命题中需要用到 Zorn 引理，即需要用到 A C，它们是等价的（参见文献 [7]）.

Zorn **引理**: 设 S 为偏序集，若 S 中的每个链皆有界，则 S 有极大元.

命题11.4 设 E 为非空集且 $\varnothing \neq C \subseteq \mathcal{P}(E)$，若 C 有 f.i.p.，则存在一个包含 C 的超滤 U.

证明: 令 $S = \{F \mid C \subseteq F$ 且 F 为 E 上滤$\}$，从而 $C^+ \in S$，故 $S \neq \varnothing$.

设 $D_1 \subseteq D_2 \subseteq D_3 \subseteq \cdots \subseteq D_n \subseteq \cdots$ 为 S 中的任何链，以下证 $\{D_n \mid n \in \mathrm{N}\}$ 有界.

令 $D = \bigcup\limits_{n \in \mathrm{N}} D_n$，欲证 D 为 $\{D_n \mid n \in \mathrm{N}\}$ 的上界.

(1) $C \subseteq D$ 易见;

(2) $E \in D$ 易见;

(3) $\mathbb{X}, \mathbb{Y} \in D \Rightarrow$ 有 m 使 $\mathbb{X}, \mathbb{Y} \in D_m \Rightarrow$ 有 m 使 $\mathbb{X} \cap \mathbb{Y} \in D_m \Rightarrow \mathbb{X} \cap \mathbb{Y} \in D$;

(4) $\mathbb{X} \in D$ 且 $\mathbb{X} \subseteq \mathbb{Y} \Rightarrow$ 有 m 使 $\mathbb{X} \in D_m$ 且 $\mathbb{X} \subseteq \mathbb{Y} \Rightarrow \mathbb{Y} \in D_m \Rightarrow \mathbb{Y} \in D$;

(5) $\varnothing \notin D_n(n = 1, 2 \cdots) \Rightarrow \varnothing \notin \bigcup\limits_{n \in \mathrm{N}} D_n$.

因此 $D \in S$ 且 $D_n \subseteq D$，故 D 为 $\{D_n \mid n \in \mathrm{N}\}$ 的上界.

由 Zorn 引理知存在极大元 $U \in S$，从而有 E 上超滤 U 使 $U \supseteq C$. □

定义11.5 设 I 为非空集，$V = \{v_i \mid i \in I\}$ 为赋值集. 令 U 为 I 上滤，定义赋值 v 如下:

$$\text{对于任何 } P \in PS,\ v(P) = \mathrm{T} \Leftrightarrow \{i \mid v_i(P) = \mathrm{T}\} \in U.$$

命题11.6 若 U 为超滤，则

(1) $v(P) = \mathrm{F} \Leftrightarrow \{i \mid v_i(P) = \mathrm{F}\} \in U$;

(2) 对于命题 A，$v \vDash A \Leftrightarrow \{i \mid v_i \vDash A\} \in U$.

证明: (1) 易见;

(2) 对 A 的结构归纳证明 $v \vDash A \Leftrightarrow \{i \mid v_i \vDash A\} \in U$:

(a) $A \equiv P$

$v \vDash A \Leftrightarrow v(P) = \mathrm{T} \Leftrightarrow \{i \mid v_i \vDash P\} \in U$;

(b) $A \equiv \neg B$

$v \vDash \neg B \Leftrightarrow v(B) = \mathrm{F} \Leftrightarrow \{i \mid v_i \vDash B\} \notin U \Leftrightarrow I - \{i \mid v_i \vDash B\} \in U \Leftrightarrow \{i \mid$ 非 $v_i \vDash B\} \in U \Leftrightarrow \{i \mid v_i \vDash \neg B\} \in U$;

(c) $A \equiv B \wedge C$

$v \vDash B \wedge C \Leftrightarrow v(B) = v(C) = \mathrm{T}$

$\Leftrightarrow \{i \mid v_i \vDash B\} \in U$ 且 $\{i \mid v_i \vDash C\} \in U$

$\Leftrightarrow \{i \mid v_i \vDash B\} \cap \{i \mid v_i \vDash C\} \in U$

$\Leftrightarrow \{i \mid v_i \vDash B \wedge C\} \in U$.

当 $A \equiv B \vee C$ 或 $A \equiv B \to C$ 时，同理可证. □

定义11.7 设 Γ 为命题集且任何 Γ 的有穷子集 Δ 可满足，令$I=\{\Delta \mid \Delta$ 有穷且 $\Delta\subseteq\Gamma\}$，对于 $i\in I$，v_i 为满足 i 的赋值，即 $v_i\vDash i(i\in I)$．令 $A^*=\{i\in I\mid A\in i\}$，$C=\{A^*\mid A\in\Gamma\}$.

命题11.8 C 有 f.i.p..

证明: $\because\{A_1,\cdots,A_n\}\in A_1^*\cap A_2^*\cap\cdots\cap A_n^*$

$\therefore C$ 有 f.i.p. . □

从而有超滤 $U\supseteq C$，对于 $A^*\in U$，

$\because i\in A^*\Leftrightarrow A\in i\Rightarrow v_i\vDash A$

$\therefore A\in\Gamma\Rightarrow A^*\subseteq\{i\in I\mid v_i\vDash A\}$.

命题11.9 若 $A\in\Gamma$，则 $\{i\in I\mid v_i\vDash A\}\in U$.

证明: $\because A\in\Gamma\Rightarrow A^*\in U$

又 $A^*\subseteq\{i\in I\mid v_i\vDash A\}$

$\therefore\{i\in I\mid v_i\vDash A\}\in U$. □

定理11.10 对于以上的超滤 U 和 I，定义赋值 v 如下:

$v(P)=\mathrm{T}\Leftrightarrow\{i\in I\mid v_i(P)=\mathrm{T}\}\in U$

我们有 $v\vDash\Gamma$.

证明: 对于任何命题 A，我们有:

(1) $v\vDash A\Leftrightarrow\{i\in I\mid v_i\vDash A\}\in U$;

(2) 对于任何 $A\in\Gamma$, $\{i\in I\mid v_i\vDash A\}\in U$. 故 $v\vDash A$，从而 $v\vDash\Gamma$.

v为Γ的模型. □

对于命题逻辑的紧性定理，我们还有以下的语义证法.

定理11.11 设 Γ 为命题的集合，若 Γ 的任何有穷子集可满足，则 Γ 可满足.

证明: 在证明此定理之前需要一些准备.

(1) 称 Δ 为有穷可满足指 Δ 的任何有穷子集可满足;

(2) 所有命题可被排列为 $A_0, A_1, \cdots, A_n, \cdots (n \in \mathbf{N})$;

(3) 设 Δ 为有穷可满足，A 为命题. 若 $\Delta \cup \{A\}$ 不为有穷可满足，则 $\Delta \cup \{\neg A\}$ 为有穷可满足，这是因为

设 $\Delta \cup \{A\}$ 不为有穷可满足，反设 $\Delta \cup \{\neg A\}$ 也不为有穷可满足，从而存在 $\Delta_1, \Delta_2 \subseteq \Delta$ 使 Δ_1, Δ_2 皆有穷且 $\Delta_1 \cup \{A\}$ 与 $\Delta_2 \cup \{\neg A\}$ 皆不可满足.

由于 $\Delta_1 \cup \Delta_2$ 为 Δ 的有穷子集，故有 v 使 $v \vDash \Delta_1 \cup \Delta_2$，然而

(a) 当 $v \vDash A$ 时，$v \vDash \Delta_1 \cup \{A\}$，从而矛盾;

(b) 当 $v \nvDash A$ 时，$v \vDash \Delta_2 \cup \{\neg A\}$，从而矛盾.

故 $\Delta \cup \{\neg A\}$ 有穷可满足. □

以下为紧性定理的证明:

令

$$\Gamma_0 = \Gamma$$

$$\Gamma_{n+1} = \begin{cases} \Gamma_n \cup \{A_n\}, \text{若 } \Gamma_n \cup \{A_n\} \text{ 有穷可满足} \\ \Gamma_n \cup \{\neg A_n\}, \text{否则} \end{cases}$$

先对 n 归纳证明 Γ_n 有穷可满足表示.

奠基：当$n = 0$ 时，易见.

归纳假设：设 Γ_n 有穷可满足.

归纳步骤：若 $\Gamma_n \cup \{A_n\}$ 有穷可满足，则 Γ_{n+1} 有穷可满足，否则由以上(3)可知 $\Gamma_n \cup \{\neg A_n\}$有穷可满足，即 Γ_{n+1} 有穷可满足. 归纳完成.

令 $\Delta = \bigcup\{\Gamma_n \mid n \in \mathbf{N}\}$，有 Δ 为有穷可满足. 设 $\emptyset$ 为 Δ 的有穷子集，从而有 k 使 $\emptyset \subseteq \Gamma_k$，因此 Δ 有穷可满足.

下面证对任何命题变元 p_i，$p_i \in \Delta$ 或 $\neg p_i \in \Delta$ 且恰具其一.

设 p_i 为 A_l，若 $p_i \notin \Delta$，则 $A_l \notin \Delta$，从而 $\Gamma_l \cup \{A_l\}$ 不为有穷可满足，因此 $\neg A_l \in \Gamma_{l+1}$，故 $\neg p_i \in \Delta$.

又反设 $p_i, \neg p_i \in \Delta$，从而 Δ 的子集 $\{p_i, \neg p_i\}$ 不可满足，故 Δ 不为有穷可满足.

令

$$v(p_i) = \begin{cases} \mathrm{T}, \text{若 } p_i \in \Delta \\ \\ \mathrm{F}, \text{若 } \neg p_i \in \Delta \end{cases}$$

以下对 A 的结构归纳证明：若 $A \in \Delta$，则 $v \vDash A$，否则 $v \nvDash A$(记为(*)).

情况1: A 为命题变元 p_i，由上知(*)成立.

情况2: A 为 $\neg B$.

1) 当 $A \in \Delta$ 时，Δ 为有穷可满足，所以 $B \notin \Delta$，从而由归纳假设知 $v \nvDash B$，从而 $v \vDash \neg B$.

2) 当 $A \notin \Delta$ 时，即 $\neg B \notin \Delta$，设 B 为 A_l，从而 $\Gamma_l \cup \{B\}$ 有穷可满足（若不然，有 $\neg B \in \Gamma_{l+1}$，与 $\neg B \notin \Delta$ 矛盾）. 故 $B \in \Delta$，由归纳假设知 $v \vDash B$，从而 $v \nvDash A$.

情况3: A 为 $B \wedge C$.

1) 当 $A \in \Delta$ 时，有 $B \in \Delta$.

反设 $B \notin \Delta$，从而 $\neg B \in \Delta$，但 $\{A, \neg B\}$ 不可满足，矛盾.

因此 $B \in \Delta$，同理 $C \in \Delta$. 由归纳假设知 $v \vDash B, v \vDash C$，从而$v \vDash A$.

2) 当 $A \notin \Delta$ 时，有 $B \notin \Delta$ 或 $C \notin \Delta$.

反设 $B \in \Delta$ 且 $C \in \Delta$，从而由 $A \notin \Delta$ 知 $\neg A \in \Delta$，然而 $\{\neg A, B, C\}$ 不可满足，故矛盾. 因此 $B \notin \Delta$ 或 $C \notin \Delta$. 不妨设 $B \notin \Delta$，从而 $v \nvDash B$，因此 $v \nvDash A$.

其他情形同理可证(*)成立.

因此我们有 $v \vDash \Delta$，故 Δ 可满足，从而 Γ 可满足. □

下面我们将给出一阶逻辑的紧性定理.

定义11.12 设 $I \neq \emptyset$，D 为 I 上滤，$(A_i)_{i \in I}$ 为一簇非空集，令

(1) $C = \prod_{i \in I} A_i = \{f : I \to \bigcup_{i \in I} A_i \mid (\forall i \in I)(f(i) \in A_i)\}$，有时记 f 为 $\langle f(i) \mid i \in I \rangle$;

(2) C 上二元关系 $=_D$ 被定义为 $\forall f, g \in C, f =_D g \Leftrightarrow \{i \in I \mid f(i) = g(i)\} \in D$.

命题11.13 $=_D$ 为 C 上的等价关系.

证明: (1) 自反性：$f =_D f$（因为 $I \in D$）.

(2) 对称性：$f =_D g \Rightarrow g =_D f$，易见.

(3) 传递性：$f =_D g \,\&\, g =_D h \Rightarrow f =_D h$.

$$\because f =_D g \,\&\, g =_D h \Rightarrow A = \{i \in I \mid f(i) = g(i)\} \in D \,\&\, B = \{i \in I \mid g(i) = h(i)\} \in D$$

$$\Rightarrow \{i \in I \mid f(i) = h(i)\} \supseteq A \cap B \in D.$$

$$\Rightarrow f =_D h.$$

$\therefore$ 传递性为真. □

定义11.14 设 $\mathscr{L}$ 为一阶语言，对于 $i \in I$，$\mathscr{A}_i$ 为 $\mathscr{L}-$ 结构，$\{\mathscr{A}_i \mid i \in I\}$ 关于模 D 的积 $\mathscr{B}$ 为一个 $\mathscr{L}-$ 结构. 其定义如下:

(1) $\mathscr{B}$ 的论域$B = \{[f]_D \mid f \in \prod\limits_{i \in I} A_i\}$，这里 $[f]_D$ 为f关于 $=_D$ 的等价类，有时简记为 $[f]$.

事实上，$B = (\prod\limits_{i \in I} A_i)/=_D$，有时记 B 为 $\prod\limits_{D}(A_i)_{i \in I}$.

(2) 对于常元 c，$c_B = [\langle c_{A_i} \mid i \in I \rangle]_D$.

(3) 对于 n 元函数 f 且 $n > 0$，任给 $[g_j](j \leqslant n) \in B$,

$f_B([g_1], \cdots, [g_n]) = [\langle f_{A_i}(g_1(i), \cdots, g_n(i)) \mid i \in I \rangle]_D$

(4) 对于n元谓词 p，任给 $[g_j](j \leqslant n) \in B$,

$p_B([g_1], \cdots, [g_n]) = \mathrm{T} \Leftrightarrow \{i \mid p_{A_i}(g_1(i), \cdots, g_n(i)) = \mathrm{T}\} \in D$

当 D 为超积时，称 $\prod\limits_{D}(A_i)_{i \in I}$ 为 $\{\mathscr{A}_i \mid i \in I\}$ 的超积.

下面命题说明 $\mathscr{B}$ 的定义是合法的.

命题11.15 $=_D$ 为同余关系.

证明: (1) 设 f 为一元函数（对于多元函数同理可证），设 $g =_D h$，欲证 $f_B([g]) = f_B([h])$.

$\because f_B([g]) = f_B([h])$

$\Leftarrow \langle f_{A_i}(g(i)) \mid i \in I\rangle =_D \langle f_{A_i}(h(i)) \mid i \in I\rangle$

$\Leftarrow \{i \in I \mid f_{A_i}(g(i)) = f_{A_i}(h(i))\} \in D$

$\Leftarrow \{i \in I \mid g(i) = h(i)\} \in D$

$\Leftarrow g =_D h$

$\therefore$ 命题得证.

(2) 设 p 为一元谓词，设 $g =_D h$，欲证 $p_B([g]) = \mathrm{T} \Leftrightarrow \mathrm{p_B([h])} = \mathrm{T}$，只需证 $\{i \mid p_{A_i}(g(i)) = \mathrm{T}\} \in D \Leftrightarrow \{i \mid p_{A_i}(h(i)) = \mathrm{T}\} \in D$，只需证 $\{i \mid p_{A_i}(g(i)) = \mathrm{T}\} \in D \Rightarrow \{i \mid p_{A_i}(h(i)) = \mathrm{T}\} \in D$. 令 $A = \{i \mid p_{A_i}(g(i)) = p_{A_i}(h(i))\}$，从而 $A \in D$，

故若 $\{i \mid p_{A_i}(g(i)) = \mathrm{T}\} \in D$，则 $\{i \mid p_{A_i}(h(i)) = \mathrm{T}\} \supseteq \{i \mid p_{A_i}(g(i)) = \mathrm{T}\} \cap A \in D$，

从而 $\{i \mid p_{A_i}(h(i)) = \mathrm{T}\} \in D$. □

约定：为了以下叙述方便，我们采用一些简记方式. 设 t 为项，A 为公式且 $FV(t), FV(A) \subseteq \{y_1, \cdots, y_n\}$，令赋值为 σ，$\sigma(y_i) = a_i$ $(i = 1, 2, \cdots, n)$，$\mathscr{B}$ 为结构.

(1) $t_{B[\sigma]}$ 简记为 $t_B[a_1, \cdots, a_n]$;

(2) $A_{B[\sigma]}$ 简记为 $A_B[a_1, \cdots, a_n]$;

(3) $\mathscr{B} \vDash_\sigma A$ 简记为 $\mathscr{B} \vDash A[a_1, \cdots, a_n]$.

命题11.16 设 t 为项且 $FV(t) \subseteq \{y_1, \cdots, y_n\}$，对于任何 $[g_j] \in B$ $(j = 1, 2, \cdots, n)$，有

$t_B[[g_1], \cdots, [g_n]] = [\langle t_{A_i}[g_1(i), \cdots, g_n(i)] \mid i \in I\rangle]_D$ (记为(*)).

证明: 对 t 的结构归纳证明(*).

情况1: t 为常元 c，易见(*)成立；

情况2: t 为 y_1，$LHS \equiv [g_1]$，$RHS \equiv [\langle g_1(i) \mid i \in I\rangle]_D = [g_1]$;

情况3: t为 $f(s)$，且 $FV(s) \subseteq \{y_1, \cdots, y_n\}$

$$LHS \equiv (f(s))_B[[g_1], \cdots, [g_n]]$$

$$= f_B(s_B[[g_1], \cdots, [g_n]])$$

$$= f_B([\langle s_{A_i}[g_1(i), \cdots, g_n(i)] \mid i \in I\rangle]_D) \text{（I.H.）}$$

$$= [\langle f_{A_i}(s_{A_i}[g_1(i), \cdots, g_n(i)]) \mid i \in I\rangle]_D$$

$$= [\langle t_{A_i}[g_1(i), \cdots, g_n(i)] \mid i \in I\rangle]_D. \qquad \square$$

命题11.17 设 A 为公式且 $FV(A) = \{y_1, \cdots, y_n\}$，对于任何 $[g_j](j = 1, 2, \cdots, n) \in B$，有

$$\mathscr{B} \vDash A[[g_1], \cdots, [g_n]] \Leftrightarrow \{i \in I \mid \mathscr{A}_i \vDash A[g_1(i), \cdots, g_n(i)]\} \in D, (\text{记为}(*)).$$

证明: 对 A 的结构归纳证明(*).

情况1: A 为 $t \doteq s$.

$$\mathscr{B} \vDash (t \doteq s)[[\overrightarrow{g_j}]]$$

$$= t_B[[\overrightarrow{g_j}]] = s_B[[\overrightarrow{g_j}]]$$

$$\Leftrightarrow [\langle t_{A_i}[g_1(i), \cdots, g_n(i)] \mid i \in I\rangle]_D = [\langle s_{A_i}[g_1(i), \cdots, g_n(i)] \mid i \in I\rangle]_D$$

$$\Leftrightarrow \{i \in I \mid t_{A_i}[\overrightarrow{g}(i)] = s_{A_i}[\overrightarrow{g}(i)]\} \in D$$

$$\Leftrightarrow \{i \in I \mid \mathscr{A}_i \vDash (t \doteq s)[g_1(i), \cdots, g_n(i)]\} \in D.$$

(n 元的情况同理可证).

情况2: A为 $p(t)$.

$$\mathscr{B} \vDash p(t)[[\overrightarrow{g}]]$$

$$\Leftrightarrow p_B(t_B[[\overrightarrow{g}]]) = \mathrm{T}$$

$$\Leftrightarrow p_B([\langle t_{A_i}[g_1(i), \cdots, g_n(i)] \mid i \in I\rangle]_D) = \mathrm{T}$$

$\Leftrightarrow \{i \mid p_{A_i}(t_{A_i}[g_1(i), \cdots, g_n(i)]) = \mathrm{T}\} \in D$

$\Leftrightarrow \{i \mid \mathscr{A}_i \vDash A[g_1(i), \cdots, g_n(i)]\} \in D.$

情况3: A 为 $\neg H$.

$\mathscr{B} \vDash \neg H[[\overrightarrow{g}]] \Leftrightarrow \mathscr{B} \nvDash H[[\overrightarrow{g}]]$

$\Leftrightarrow \{i \in I \mid \mathscr{A}_i \vDash H[g_1(i), \cdots, g_n(i)]\} \notin D$

$\Leftrightarrow I - \{i \in I \mid \mathscr{A}_i \vDash H[g_1(i), \cdots, g_n(i)]\} \in D$ （因为 D 为超滤）

$\Leftrightarrow \{i \in I \mid \mathscr{A}_i \vDash \neg H[g_1(i), \cdots, g_n(i)]\} \in D.$

情况4: A 为 $E \wedge H$.

$\mathscr{B} \vDash A[[\overrightarrow{g}]] \Leftrightarrow \mathscr{B} \vDash E[[\overrightarrow{g}]]$ 且 $\mathscr{B} \vDash H[[\overrightarrow{g}]]$

$\Leftrightarrow \{i \in I \mid \mathscr{A}_i \vDash E[g_1(i), \cdots, g_n(i)]\} \in D$ 且 $\{i \in I \mid \mathscr{A}_i \vDash H[g_1(i), \cdots, g_n(i)]\} \in D$ (I.H.)

$\Leftrightarrow \{i \in I \mid \mathscr{A}_i \vDash E[\overrightarrow{g}(i)]\} \cap \{i \in I \mid \mathscr{A}_i \vDash H[\overrightarrow{g}(i)]\} \in D$

$\Leftrightarrow \{i \in I \mid \mathscr{A}_i \vDash A[\overrightarrow{g}(i)]\} \in D.$

情况5: A 为 $E \vee H$，$E \to H$，与上同理可证.

情况6: A 为 $\exists x.E$.

因为 $\mathscr{B} \vDash \exists x.E[[g_1], \cdots, [g_n]]$

$\Leftrightarrow$ 存在 $[g] \in B$，使 $\mathscr{B} \vDash E[[g], [g_1], \cdots, [g_n]]$

$\Leftrightarrow$ 存在 $[g] \in B$，使 $\mathbb{X} = \{i \in I \mid \mathscr{A}_i \vDash E[g(i), g_1(i), \cdots, g_n(i)]\} \in D$ 以及 $\{i \in I \mid \mathscr{A}_i \vDash$

$A[g_1(i), \cdots, g_n(i)]\} \in D \Leftrightarrow$

$\mathbb{Y} = \{i \in I \mid$ 存在 $a_i \in A_i$ 使 $\mathscr{A}_i \vDash E[a_i, g_1(i), \cdots, g_n(i)] \in D.$

故余下只需证存在 $[g] \in B$ 使 $\mathbb{X} \in D \Leftrightarrow \mathbb{Y} \in D$.

“$\Rightarrow$”部分：设存在 $[g] \in B$ 使 $\mathbb{X} \in D$，令 $a_i = g(i)$，从而 $\mathbb{X} \subseteq \mathbb{Y}$，因此 $\mathbb{Y} \in D$.

“$\Leftarrow$”部分：设 $\mathbb{Y} \in D$，令 $G = \{\langle i, x\rangle \mid i \in I$ 且 $x \in A_i$ 且 $\mathscr{A}_i \vDash E[x, \overrightarrow{g}(i)]\}$，

由 AC 知，存在 $[g] \in B$ 使 $\langle i, g(i)\rangle \in G$ 对任何 $i \in I$ 成立.

故 $\mathbb{X} \in D$. 因此得证.

情况7: A 为 $\forall x.E$，与上同理可证. □

推论 11.18 设 A 为句子，$\mathscr{B} \vDash A \Leftrightarrow \{i \in I \mid \mathscr{A}_i \vDash A\} \in D$, 这里 D 为超滤.

定理11.19 (一阶逻辑的紧性定理) 设 Γ 为句子集，若 Γ 的任何有穷子集可满足，则 Γ 可满足.

证明: 令 $I = \{\Delta \subseteq \Gamma \mid \Delta \text{ 有穷 }\}$，且对于 $i \in I$，令 $\mathscr{A}_i$ 为满足 i 的结构，即 $\mathscr{A}_i \vDash i$. 对于$A \in \Gamma$, 令$A^* = \{i \in I | A \in i\}$. 令 $C = \{A^* \mid A \in \Gamma\}$，从而 C 有 f.i.p.，这是因为对于任何 $A_1^*, \cdots, A_n^* \in C$，$A_1^* \cap A_2^* \cap \cdots \cap A_n^* = \bigcap_{k=1}^{n} \{i \in I \mid A_k \in i\} = \{i \in I \mid A_1, \cdots, A_n \in i\}$ 从而 $\{A_i, \cdots, A_n\} \in A_1^* \cap \cdots \cap A_n^*$.

由 Zorn 引理知，存在超滤 $U \supseteq C$，从而对于任何 $A \in \Gamma$，有 $A^* \in U$.

$\because i \in A^* \Rightarrow A \in i \Rightarrow \mathscr{A}_i \vDash A$

$\therefore$ 对于每个 $A \in \Gamma$，$A^* \subseteq \{i \in I \mid \mathscr{A}_i \vDash A\}$

$\because U$ 为滤, $\therefore \{i \in I \mid \mathscr{A}_i \vDash A\} \in U$，令 $\mathscr{B} = \prod_U (A_i)_{i \in I}$，从而 $\mathscr{B} \vDash A \Leftrightarrow \{i \in I \mid \mathscr{A}_i \vDash A\} \in U$，又因为对于每个 $A \in \Gamma$，有 $\{i \in I \mid \mathscr{A}_i \vDash A\} \in U$，因此 $\mathscr{B} \vDash A$ 对于每个 $A \in \Gamma$ 成立.

故$\mathscr{B} \vDash \Gamma$，即$\Gamma$可满足. □

定理11.20 设 Γ 为公式集，若 Γ 的每个有穷子集皆可满足，则 Γ 可满足.

证明: 设 Γ 为 $\mathscr{L}-$ 公式集且 $FV(\Gamma) = \{y_j \mid j \in J\}$. 令 $\{c_j | \in J\}$ 为新常元符，$\mathscr{L}' = \mathscr{L} + \{c_j \mid j \in J\}$. 若 $A \in \Gamma$，则令 $A' \equiv A[\frac{c_j}{y_j}]$，$\Gamma' = \{A' \mid A \in \Gamma\}$. 若 Γ 的每个有穷子集皆可满足，则 Γ' 亦然. 这是因为设 $\Delta' \subseteq \Gamma'$ 且 Δ' 有穷，从而 $\Delta \subseteq \Gamma$ 有穷，故有 $\mathscr{L}-$ 模型 $\mathbb{M}$ 和赋值 σ 使 $\mathbb{M} \vDash_\sigma \Delta$.

在 $\mathscr{L}'$ 中，令 $(c_j)_M = \sigma(y_j)$，$\mathbb{M}'$ 为 $\mathbb{M}$ 的扩展，从而 $\mathbb{M}' \vDash \Delta'$，即 Δ' 可满足.

由以上定理知 Γ' 可满足，即有 $\mathscr{L}-$ 模型 $\mathbb{M}'$ 使 $\mathbb{M}' \vDash \Gamma'$，令 $\mathbb{M} = \mathbb{M}' \upharpoonright \mathscr{L}$ 且令 $\sigma(y_j) = (c_j)_{M'}$，从而 $\mathbb{M} \vDash_\sigma \Gamma$，即 Γ 可满足. □

以上给出了紧性定理的语义证明，在此用到了 AC. 事实上，在绝大多数书籍中，紧性定理的证明是利用 Gödel 的完备性定理给出的.

第十一讲习题

1. 在初等算术语言 $\mathscr{A}$ 中，设 $\Gamma = \{(x > S^n O) \mid n \in \mathrm{N}\}$，证明 Γ 可满足.

2. 设 Γ 为一阶语言的句子集，φ 为句子，证明：若 $\Gamma \vDash \varphi$，则存在 Γ 的有穷子集 Δ 使 $\Delta \vDash \varphi$.

3. 证明：若一阶语言句子集 Σ 具有论域基数可为任意大自然数的模型，则 Σ 具有一个论域为无穷集的模型.

4. 证明：一个无穷地图4-可着色 $\Leftrightarrow$ 它的每个有穷子地图4-可着色.

5. 设 φ 为一阶语言 $\mathscr{L}$ 的句子，若对任何无穷的 $\mathscr{L}-$ 结构 $\mathbb{M} = (\mathrm{M}, \mathrm{I})(|\mathrm{M}| \geqslant \aleph_0)$ 有 $\mathbb{M} \vDash \varphi$，则存在 $k \in \mathrm{N}$，使对每个满足 $k < |M| < \aleph_0$ 的 $\mathscr{L}-$ 结构 $\mathbb{M} \vDash (\mathrm{M}, \mathrm{I})$ 有 $\mathbb{M} \vDash \varphi$.

6. 设 $\mathscr{L}$ 为含二元谓词符R带等词的一阶语言，证明不存在 $\mathscr{L}-$ 句子集 Σ 其至少有一个无穷模型使得每个 Σ 的无穷模型 $\mathbb{M}$ 皆有 R_M 为 M 的良序，这里M为 $\mathbb{M}$ 的论域.

CHAPTER 12

第 十 二 讲

模态逻辑概述

模态逻辑（modal logic）是一类最初由哲学家发展起来的用于研究真理的不同模式（mode）的逻辑. 这些模式主要包括：可能与必然、过去与将来、知道与相信、义务与允许等，相应研究分别构成了模态逻辑的分支：基本模态逻辑、时态逻辑（temporal logic）、认知逻辑（epistemic logic）、道义逻辑（deontic logic）等. 模态逻辑与计算机科学、人工智能均有密切的联系. 例如，用于对软硬件系统进行形式化验证的模型检测（model checking）技术应用并发展了时态逻辑；知识表示（knowledge representation）这一人工智能的重要分支与认知逻辑相辅相成；用于对分布式智能系统进行协同与控制的规范系统（normative systems）继承并推进了道义逻辑.

参考文献 [9] 将模态逻辑的特征总结为如下三点:

1) 模态逻辑是用于描述关系结构的简单而富于表达力的语言;

2) 模态逻辑为关系结构提供了一种内部和局部的视角;

3) 模态逻辑并不是孤立的形式化系统.

本讲将主要围绕上述三个特征，介绍模态逻辑的基本语法和语义.

12.1 关系结构

定义12.1 关系结构是一个元组 $\mathfrak{F} = (W, R_1, \cdots, R_n)$, 其中 W 称为 $\mathfrak{F}$ 的域（domain）或宇宙（universe），$R_1, \cdots, R_n$ 是 $\mathfrak{F}$ 上的关系.

W 中的元素在不同的场景下通常具有不同的名称，如点、状态、节点、世界、时间、瞬间、状况等. 关系结构的一个有趣的特征是—它们通常可以被表示成简单的图形.

例12.1 严格偏序是一种关系结构. 它是一个二元组 (W, R), 其中 R 满足

1) 反自反（$\forall x \neg Rxx$），

2) 传递（$\forall xyz(Rxy \wedge Ryz \rightarrow Rxz)$），

3) 反对称（$\forall xy \neg(Rxy \wedge Ryx)$）.

一个严格偏序是一个线序（或全序），如果它也满足三分法（trichotomy）条件：

$$\forall xy(Rxy \vee x = y \vee Ryx)$$

图 12–1所示是严格偏序的一个例子，其中

1) $W = \{1, 2, 3, 4, 6, 8, 12, 24\}$,

2) Rxy表示“x和y是不同的, 而且y可被x整除”.

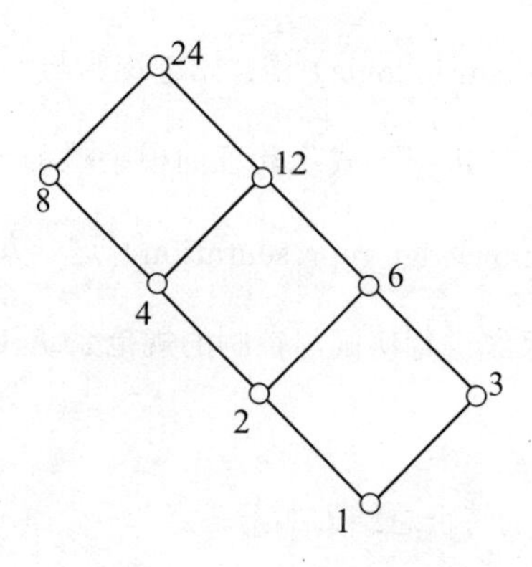

图 12–1 一个严格偏序

上述关系结构显然不是一个线序. 但如果定义Rxy为“x小于y”，那么就可在域W中得到一个线序. 线序的例子，如$(\mathbb{N}, <)$、$(\mathbb{Z}, <)$、$(\mathbb{Q}, <)$、$(\mathbb{R}, <)$，分别为自然数、整数、有理数和实数集以及它们的通常的序.

例12.2　标注转换系统（Labled Transition System, LTS）是一种在计算机科学中广泛使用的简单关系结构，定义为元组 $(W, \{R_a | a \in A\})$, 其中 W 是一个非空状态集，A 是一个非空的标注集，而且对于任何 $a \in A$, $R_a \subseteq W \times W$.

标注转换系统可以看作一种计算的抽象模型：状态集包括计算机可能的状态，标注表示程序，而 $u, v \in R_a$意味着存在程序 a 的执行始于状态 u 而终于状态 v. 可以很自然地把状态描述为节点，把转换 R_a 表示为有向边.

图12–2所示是一个具有状态 w_1、,w_2、w_3、w_4 及标注 a、b、c 的转换系统. 关系的定义为：$R_a = \{(w_1, w_2), (w_4, w_4)\}$; $R_b = \{(w_2, w_3)\}$; $R_c = \{(w_4, w_3)\}$. 这个转换系统实际上很特殊，因为它是确定性的——从任一状态通过任何转换关系均能到达确定的下一状态. R_a、R_b、R_c 都是部分函数（partial function）.

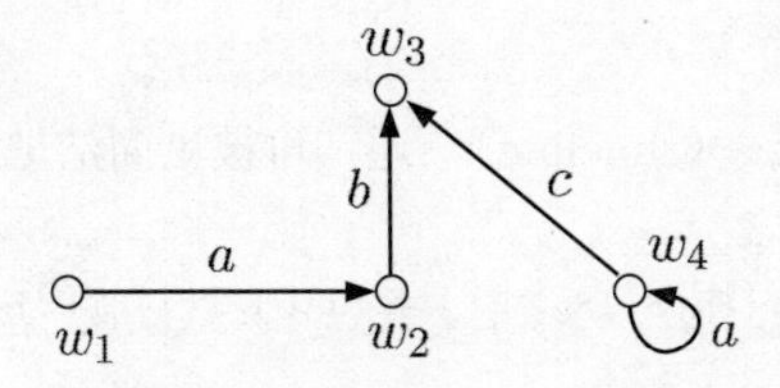

图 12–2　一个确定转换系统

确定转换系统是重要的，但是在理论计算机科学中更常用的是把非确定性转换系统作为计算的基本模型. 在一个非确定转换系统中，从某个状态通过某种关系到达的下一状态不一定是确定的. 即在此类系统中，转换关系不一定是部分函数，而是任意的关系.

图12–3所示是一个非确定转换系统. 其中，a是一个非确定性的程序，因为它在状态 w_4 的执行有两种可能的结果：或者转换到 w_2，或者回到 w_4.

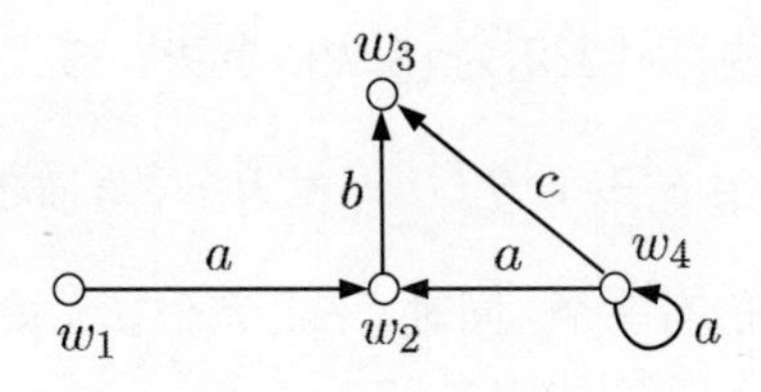

图 12–3　一个非确定转换系统

例12.3　时间的内在结构及其表示是一个耐人寻味的话题. 通常可以假设时间是线性的，即

1) 时间是离散的;

2) 有一个没有前驱的初始时刻;

3) 有无穷的后续时刻进入未来.

上述三个特征实际上反映于许多现实的应用系统中. 例如，对于持续运行的并发程序：属性1)反映了计算机系统的离散、数字化的特征；属性2)对应于计算总是从一个初始状态开始的事实；属性3)对应于此类系统总是持续运行，并且在理想状态下不会停止.

在线性时间的假设下，时间的内在结构是一个全序集 $(S,<)$, 并且可以进一步假定其内在结构同构于（通常序下的）自然数集 $(\mathbb{N},<)$. 这意味着可以把线性时间的结构定义为元组 (S,x). 其中， S 是一个状态集合； $x:\mathbb{N}\rightarrow \mathrm{S}$ 是一个无穷的状态序列. 这实际上是在状态 S 上定义了无穷多个状态转换关系 $\{R_i \mid i\in\mathbb{N}\}$，并且假设任意 R_i 定义的状态转换依次执行且仅被执行一次.

在此场景中，x 称为时间线（timeline），通常可被更简洁地表示为

$$x=(s_0,s_1,s_2,\cdots)=(x(0),x(1),x(2),\cdots)$$

此外，在一些场景中，x 也称为路径（path）、全路径（fullpath）、计算序列（computation sequence）或计算（computation）.

图12–4所示是一个线性时间结构：$S=\{a,b,c,d,e\}$, $x=(a,b,e,e,c,b,c,d,c,d,\cdots)$. 其中，$S$ 可表示系统运行的5个状态，时间线 x 表示系统的状态迁移顺序，图中描述的系统以一个确定的顺序进行状态迁移. 而很多现实系统的运行具有不确定性，其中任何状态都仅有一个前驱状态，但是可能有多个不同的后续状态，这实质上对应于树状的时间结构. 在这类系统中，从任一状态出发，都可能有多条不同的与自然数集 $\mathbb{N}$ 同构的时间线，对应于系统可能的多个不同的状态迁移顺序. 这类时间结构可以表示为 (S,R). 其中， S 是状态集；R是一个定义在 S 上的完全的二元关系（即满足 $\forall s\in S,\exists s\in S:(s,t)\in R$ ）. R描述的是状态间的可转移关系，一个状态可转移到的后续状态可能有多个. 同时，R是完全二元关系的事实保证了任意状态必然有至少一个后续状态.

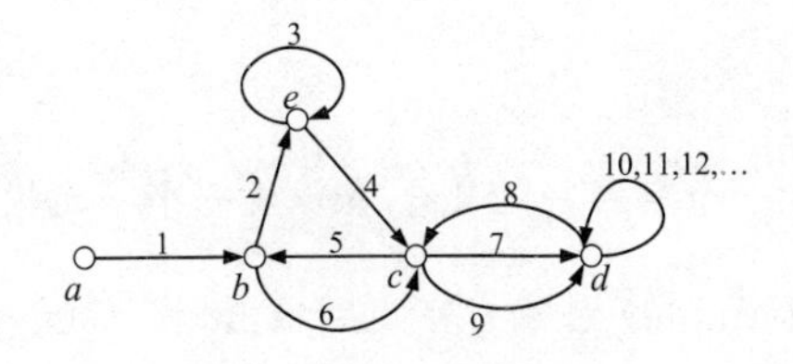

图 12–4 一个线性时间结构

图12–5所示的有向图可以表示一个树状时间结构：$S=\{a,b,c,d,e\}$，

$R=\{(a,b),(b,c),(c,b),(c,d),(d,c),(d,d),(a,e),(b,e),(e,c),(e,e)\}$. 从直观上看，其“树状”体现于从任意结点解开（unwind）均能得到一个树状的结构. 图12–6所示为从状态a解开得到的树状结构. 这实际上代表了从状态a出发可能得到的所有状态转换序列. 从中可以发现，图12–4所示的时间线处于最左边的分支.

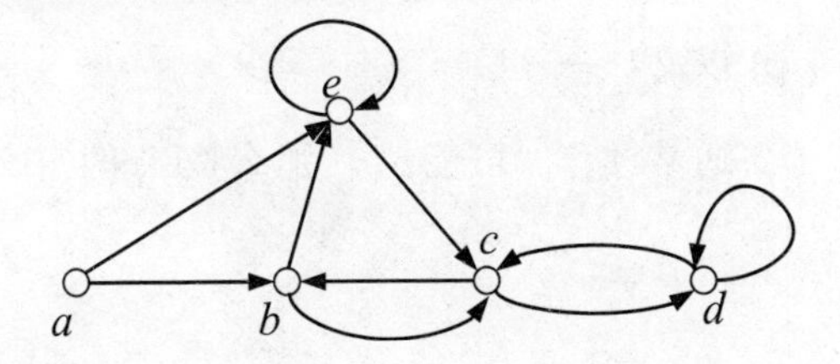

图 12–5 一个树状时间结构

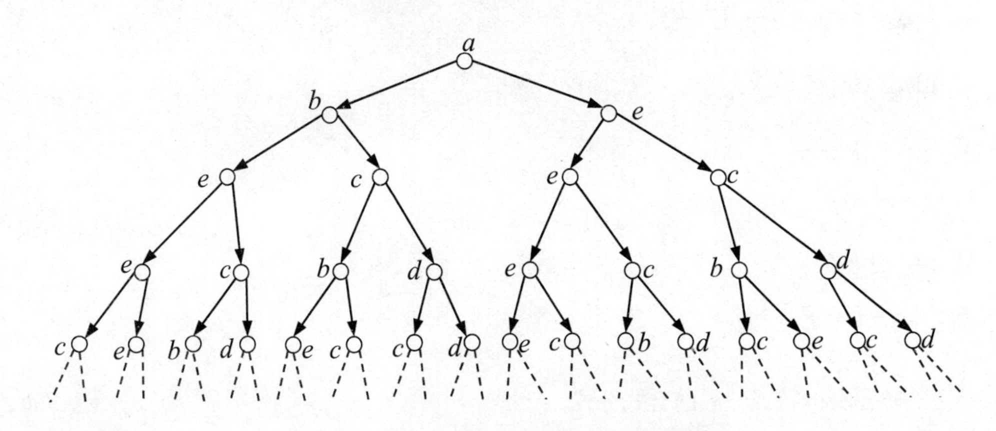

图 12–6 图12–5所示的结构从状态a解开

12.2 模态语言

本节介绍一些常见的模态语言，包括基本模态语言、线性时间时态语言，以及分支时间时

态语言.

定义12.2 基本模态语言基于一个命题符的集合 Φ 以及一个一元模态算子 $\Diamond$(diamond)而定义，它的合式公式（well-formed formula）φ 由以下规则给出：

$$\varphi ::= p \mid \bot \mid \neg\varphi \mid \varphi \vee \psi \mid \Diamond\varphi$$

其中，$p \in \Phi$；ψ 是一个合式公式. 通常假定命题符的集合 Φ 是一个可数无穷集 $\{p_0, p_1, \cdots\}$. 当然，在某些情况下也能假定其为一个有穷集或不可数无穷集.

就像一阶逻辑的存在量词 $\exists$ 和全称连词 $\forall$ 互为对偶（即$\forall x\alpha \leftrightarrow \neg\exists x\neg\alpha$ 和 $\exists x\alpha \leftrightarrow \neg\forall x\neg\alpha$）一样，算子 $\Diamond$ 也有一个对偶算子 $\Box$(box), 定义为 $\Box\varphi := \neg\Diamond\neg\varphi$. 其他常见的逻辑联结词，如合取、蕴含、双向蕴含及常量真，可以定义为：$\varphi \wedge \psi := \neg(\neg\varphi \vee \neg\psi)$, $\varphi \to \psi := \neg\varphi \vee \psi$, $\varphi \leftrightarrow \psi := (\varphi \to \psi) \wedge (\psi \to \varphi)$,以及$\top := \neg\bot$.

在基本模态语言中，$\Diamond\varphi$ 通常读作“可能φ”，那么按$\Box\varphi$的定义，它应该读作“不可能不φ”，即“必然φ”.

例12.4 下面给出一些基本模态逻辑的合式公式：

K: $\Box(\varphi \to \psi) \to (\Box\varphi \to \Box\psi)$

T: $\Box\varphi \to \varphi$

4: $\Box\varphi \to \Box\Box\varphi$

B: $\varphi \to \Box\Diamond\varphi$

D: $\Box\varphi \to \Diamond\varphi$

5: $\Diamond\varphi \to \Box\Diamond\varphi$

其中，φ、ψ 是命题符或一般的合式公式.

上述式子似乎蕴含着人们对“可能”与“必然”的理解. 它们是分别独立地阐述上述“可能”与“必然”的概念? 还是它们之间通过某种潜在的逻辑推理关系相互联系? 这些都是困难的、具有重要历史意义的问题.

下面介绍的时态语言主要来自于20世纪七八十年代自动形式化验证领域的研究成果.

定义12.3 线性时间时态语言(linear-time temporal language)基于一个命题符的集合 Φ 以及线

性时间时态算子$\mathcal{U}$（until）和$\bigcirc$（next-time）而定义，其合式公式ψ由以下规则给出:

$$\psi ::= p \mid \bot \mid \neg\psi \mid \bot \mid \psi_1 \vee \psi_2 \mid \bigcirc\psi \mid \psi_1 \mathcal{U} \psi_2$$

其中，$p \in \Phi$. 通常假设Φ是一个可数无穷集$\{p_0, p_1, \cdots\}$. 在某些情况下，也能假定其为一个有穷集或不可数无穷集.

此外，还可以定义一些常用的时态算子如下:

- (Finally) $\Diamond\psi := \top\mathcal{U}\psi$
- (Globally) $\Box\psi := \neg\Diamond\neg\psi$
- (Infinitely Often) $\overset{\infty}{\Diamond}\psi := \Box\Diamond\psi$
- (Almost Everywhere) $\overset{\infty}{\Box}\psi := \Diamond\Box\psi$
- (Release) $\psi_1\mathcal{R}\psi_2 := \neg(\neg\psi_1\mathcal{U}\neg\psi_2)$

在一些文献中，时态算子$\bigcirc$、$\Diamond$、$\Box$、$\mathcal{U}$、$\mathcal{R}$也分别被记作 X、F、G、U、R.

定义12.4 分支时间时态语言（branching-time temporal language）由一个命题符的集合Φ、线性时态算子以及路径选择算子$\exists$(for some futures) 生成. 它可定义两类公式，分别是路径公式（path formula）ψ和状态公式（state formula）φ，它们的合式公式分别由以下规则给出:

$$\psi ::= \varphi \mid \psi_1 \vee \psi_2 \mid \neg\psi \mid \bigcirc\psi \mid \psi_1\mathcal{U}\psi_2$$

$$\varphi ::= p \mid \bot \mid \varphi_1 \vee \varphi_2 \mid \neg\varphi \mid \exists\psi$$

上述规则生成的状态公式构成了分支时间时态语言. 此外，还可以定义另一个常用的路径选择算子$\forall$(for all futures)：$\forall\psi := \neg\exists\neg\psi$. 其他的时态算子和逻辑联结词可如常定义. 在有的文献中也把$\forall$和$\exists$分别写作 A 和 E.

此外，还可以定义上述时态语言的一种子语言（sublanguage）：状态公式φ的定义不变，而路径公式ψ的规则变为

$$\psi ::= \bigcirc\varphi \mid \psi_1\mathcal{U}\psi_2$$

即限制原来的路径公式语法，不允许线性时态算子的布尔组合和嵌套. 上述规则生成的状态公

式构成了这种简化的分支时间时态语言. 容易发现，它实际上等价于以下语法规则:

$$\varphi ::= p \mid \bot \mid \neg\varphi \mid \varphi_1 \vee \varphi_2 \mid \exists \bigcirc \varphi \mid \exists\Box\varphi \mid \exists(\varphi_1 \mathcal{U} \varphi_2)$$

在上述语言中，可以把 $\exists\bigcirc$、$\exists\Box$ 和 $\exists\mathcal{U}$ 看作基本的时态算子. 此外，还可以基于此定义其他5个时态算子如下:

- $\forall \bigcirc \varphi := \neg\exists \bigcirc \neg\varphi$
- $\forall\Box\varphi := \neg\exists\Diamond\neg\varphi$
- $\forall\Diamond\varphi := \neg\exists\Box\neg\varphi$
- $\exists\Diamond\varphi := \exists(\top\mathcal{U}\varphi)$
- $\forall(\varphi_1\mathcal{U}\varphi_2) := \neg\exists(\neg\varphi_2\mathcal{U}\neg\varphi_1 \wedge \neg\varphi_2) \wedge \neg\exists\Box\neg\varphi_2$

12.3 模态语义

尽管上文的叙述中已包含许多语义描述，但是尚缺乏数学化的确切定义. 本节的目标就是通过利用关系结构解释模态语言来定义形式化的模态语义. 这种基于关系结构定义的语义是20世纪50年代由Saul Kripke提出的，现在被广泛用于时态逻辑及模型检测.

定义12.5 基本模态语言的模型（model）为 $\mathfrak{M} = (W, R, L)$, 其中

- W 是一个非空集.
- R 是W上的一个关系.
- $L : W \to 2^{\Phi}$ 为标记函数，把W中的各个点标记上在该点为真的命题符. 其中，Φ 是一个潜在的命题符的集合.

可以发现，基本模态语言的模型是由一个关系结构 $\mathfrak{F} = (W, R)$ 和一个标记函数 L 构成的. 在模态逻辑的语义中，通常把上述关系结构 $\mathfrak{F}$ 称为框架（frame），把上述模型称为Kripke模型（在有的文献中也被称为Kripke结构）. 进而可以定义基本模态逻辑的语义.

定义12.6 令 w 是模型 $\mathfrak{M}=(W,R,L)$ 中的任意状态. 一个基本模态语言公式 φ 在状态 w 被满足（或为真），表示为 $\mathfrak{M},w\Vdash\varphi$，可归纳如下:

- $\mathfrak{M}$，$w\Vdash p$ 当且仅当 $p\in L(W)$，其中 $p\in\Phi$.
- $\mathfrak{M}$，$w\Vdash\bot$ 从不成立.
- $\mathfrak{M}$，$w\Vdash\neg\varphi$ 当且仅当 $\mathfrak{M},w\vDash\varphi$ 不成立.
- $\mathfrak{M}$，$w\Vdash\varphi\vee\psi$ 当且仅当 $\mathfrak{M},w\Vdash\varphi$ 或 $\mathfrak{M},w\Vdash\psi$.
- $\mathfrak{M}$，$w\Vdash\Diamond\varphi$ 当且仅当存在$v\in W$，满足 Rwv 且 $\mathfrak{M},v\Vdash\varphi$.

根据上述定义也可以得到:

$\mathfrak{M},w\Vdash\Box\varphi$，当且仅当对于任意$v\in W$，如果 Rwv，那么 $\mathfrak{M},v\Vdash\varphi$.

可见模态满足性的定义是“内部”和“局部”的. 公式的真假是就模型内部的状态而言的，且模态算子 $\Diamond$ 的作用是局部的：它只观察当前状态通过关系 R 能到达的邻居状态.

例12.5 (1) 考虑如下模型: $W=\{w_1,w_2,w_3,w_4,w_5\}$, Rw_iw_j 当且仅当 $j=i+1$, $\forall i=\{1,4,5\}:L(w_i)=\{q\}$, $\forall j=\{2,3\}:L(w_j)=\{q,p\}$，如图12–7所示:

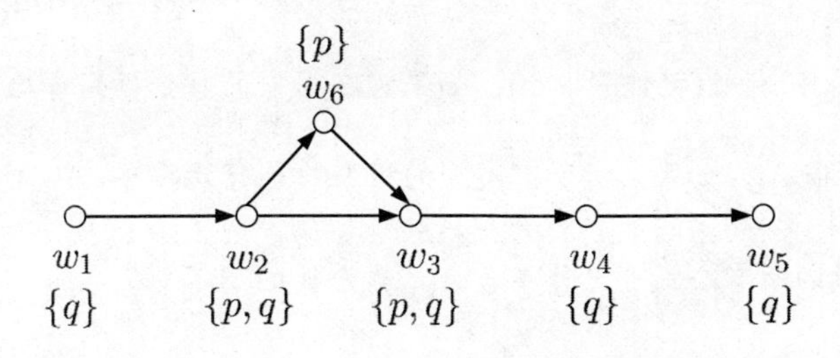

图 12–7 一个基本模态语言的模型

可以得到:

- $\mathfrak{M},w_1\Vdash\Diamond\Box p$
- $\mathfrak{M},w_1\nVdash\Diamond\Box p\rightarrow p$
- $\mathfrak{M},w_2\Vdash\Diamond(p\wedge\neg r)$
- $\mathfrak{M},w_1\Vdash q\wedge\Diamond(q\wedge\Diamond(q\wedge\Diamond(q\wedge\Diamond q)))$

注意: w_5 是一个不能到达任意后续状态的“盲状态”. 按照基本模态逻辑的语义定义，我们可以得到 $\mathfrak{M}, w_5 \Vdash \Box p$. 实际上，对于任意模型中的盲状态，我们均可以得到 $\Box\varphi$，这类公式均像本例一样为空真（vacuously true）.

(2)选用图12–1描述的关系结构作为框架，并定义 Rxy 当且仅当“x 与 y不同，且y 可被 x 整除，且标记函数的定义为: $\forall x \in \{4, 8, 12, 14\} : L(x) = \{p\}, L(6) = \{q\}$, 那么可以得到:

- $\mathfrak{M}, 4 \Vdash \Box p$
- $\mathfrak{M}, 6 \Vdash \Box p$
- $\mathfrak{M}, 2 \nVdash \Box p$
- $\mathfrak{M}, 2 \Vdash \Diamond(q \wedge \Box p) \wedge \Diamond(\neg q \wedge \Box p)$

模态逻辑的满足关系是定义在模型的状态上的. 实际上，还可以在框架层次定义一种有效性（validity），以使关注点集中于这类框架描述的本体（ontology）的特征.

定义12.7　对于一个任意的模态逻辑公式 φ, 我们称

- φ 在框架 $\mathfrak{F}$ 的状态 w 有效(记作 $\mathfrak{F}, w \Vdash \varphi$), 如果 φ 在任意基于 $\mathfrak{F}$ 的模型 $\mathfrak{M} = (\mathfrak{F}, L)$ 的状态 w 为真.
- φ 在框架 $\mathfrak{F}$ 中有效(记作 $\mathfrak{F} \Vdash \varphi$), 如果它在 $\mathfrak{F}$ 的每个状态上均有效.
- φ 对一类框架 $\mathbb{F}$ 有效(记作 $\mathbb{F} \Vdash \varphi$), 如果它在 $\mathbb{F}$ 中的每个框架中均有效.
- φ 有效(记作 $\Vdash \varphi$), 如果它对所有类型的框架均是有效的.

对框架类 $\mathbb{F}$ 有效的所有公式可记作集合 $\Lambda_{\mathbb{F}}$, 称为 $\mathbb{F}$ 的逻辑.

命题12.8　(1) 公式 $\Diamond(p \vee q) \to (\Diamond p \vee \Diamond q)$ 对所有的框架均有效.

(2) 公式 $\Diamond\Diamond p \to \Diamond p$ 不是对所有的框架有效.

(3) 存在一类框架，公式 $\Diamond\Diamond p \to \Diamond p$ 对这类框架有效.

证明: (1) 欲证这个结论，可以取任意的框架 $\mathfrak{F}$ 以及其中的任意状态 w，并且令 L 为 $\mathfrak{F}$ 上的一个标记函数，然后证明“若 $(\mathfrak{F}, L), w \Vdash \Diamond(p \vee q)$，那么 $(\mathfrak{F}, L), w \Vdash \Diamond p \vee \Diamond q$即可”.

假定 $(\mathfrak{F}, L), w \Vdash \Diamond(p \vee q)$，由定义可知，存在状态 v, 满足 Rwv 且 $(\mathfrak{F}, L), v \Vdash p \vee q$. 但是如果 $v \Vdash p \vee q$, 那么 $v \Vdash p$ 或 $w \Vdash q$.

因此，或者 $w \Vdash \Diamond p$, 或者 $w \Vdash \Diamond q$. 而这两种情况都有 $w \Vdash \Diamond p \vee \Diamond q$.

(2) 欲证这个结论，可找出一个框架 $\mathfrak{F}$，其中的一个状态 w以及一个标记函数 L，使上述公式在状态 w 为假.

令 $W = \{0,1,2\}$, $R = \{(0,1),(1,2)\}$, L 为任意使 $L(2) = \{p\}$ 的标记函数. 那么有 $(\mathfrak{F},L),0 \Vdash \Diamond\Diamond p$, 但是 $(\mathfrak{F},L),0 \nVdash \Diamond p$.

因此 $(\mathfrak{F},L),0 \nVdash \Diamond\Diamond p \rightarrow \Diamond p$.

(3) 可以证明公式 $\Diamond\Diamond p \rightarrow \Diamond p$ 对传递框架（transitive frame）是有效的. 所谓传递框架，是指其中的关系满足传递性的框架.

如果 $\mathfrak{F}$ 是一个传递框架，且 w 是其中的任意状态，L 是任意标记函数. 若 $(\mathfrak{F},L),w \Vdash \Diamond\Diamond p$, 那么由定义，有状态 u 和 v, Rwu，Ruv 并且 $(\mathfrak{F},L),v \Vdash p$. 但是由于$R$是传递的，我们可得到$Rwv$，因此有 $(\mathfrak{F},L),w \Vdash \Diamond p$，进而有 $(\mathfrak{F},L),w \Vdash \Diamond\Diamond p \rightarrow \Diamond p$. □

定义12.9 线性时态语言的模型为线性时间模型 $\mathfrak{M} = (S,x,L)$, 其中

- S 是一个非空状态集.
- $x: \mathrm{N} \rightarrow \mathrm{S}$ 是一个状态的无穷序列.
- $L: W \rightarrow 2^{\Phi}$ 为标记函数，把W中的各个点标记上在该点为真的命题符. 其中 Φ 是一个潜在的命题符的集合.

基于此，我们可以定义线性时间时态逻辑（Linear-time Temporal Logic，LTL）的语义.

定义12.10 可基于线性时间模型 $\mathfrak{M} = (S,x,L)$ 定义线性时间时态逻辑的语义. $\mathfrak{M},x \vDash \psi$ 表示“在模型 $\mathfrak{M}$ 的时间线 x 上，公式 ψ 为真”. 满足关系 $\vDash$ 可归纳定义如下:

- $\mathfrak{M},x \vDash p$，当且仅当$p \in L(s_0)$,其中 $p \in \Phi$.
- $\mathfrak{M},x \vDash \bot$ 从不成立.
- $\mathfrak{M},x \vDash \neg\psi$，当且仅当$\mathfrak{M},x \vDash \psi$ 不成立.
- $\mathfrak{M},x \vDash \psi_1 \vee \psi_2$，当且仅当$\mathfrak{M},x \vDash \psi_1$ 或 $\mathfrak{M},x \vDash \psi_2$.
- $\mathfrak{M},x \vDash \psi_1 \mathcal{U} \psi_2$，当且仅当$\exists j(\mathfrak{M},x^j \vDash \psi_2$ 以及 $\forall k < j(\mathfrak{M},x^k \vDash \psi_1))$.
- $\mathfrak{M},x \vDash \bigcirc\psi$, 当且仅当 $\mathfrak{M},x^1 \vDash \psi$.

其中，x^i 表示路径 x 的后缀 $s_i, s_{i+1}, s_{i+2}, \cdots$

例12.6 LTL的一些公式对应的满足时间线的模式如图12–8所示:

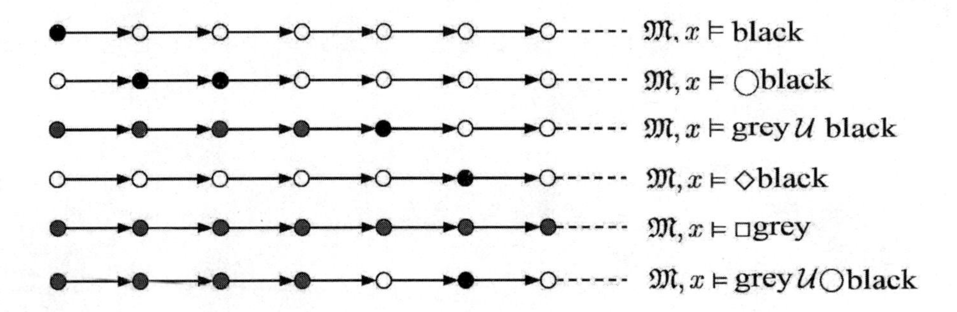

图 12–8 线性时间时态逻辑语义示例

用于为分支时态逻辑提供语义解释的数学结构是如下一个Kripke模型，它被称为分支时间模型. 在有的文献中也把它称为转换系统.

定义12.11 分支时间模型为 $\mathfrak{M} = (S, R, L)$，其中

- S 是一个非空状态集.
- $R \subseteq S \times S$ 是一个完全的二元关系（即$\forall s \in S \exists t \in S : (s, t) \in R$）.
- $L : S \to 2^{\Phi}$ 为标记函数，把W中的各个点标记上在该点为真的命题符. 其中，Φ 是一个潜在的命题符的集合.

可见分支时间模型实际上是由一个分支时间结构 $\mathfrak{F} = (S, R)$ 以及一个标记函数 L 构成的.

进而可以定义一种分支时间时态逻辑，它采用前面定义的分支时间时态语言，并且以分支时间模型为语义模型. 由于这种逻辑内部的、潜在的、树状的时间结构，它被命名为计算树逻辑（Computation Tree Logic，CTL*），而采用如上文所述的简化语言的版本简称为CTL.

定义12.12 对于模型 $\mathfrak{M} = (S, R, L)$，无穷的状态序列 $x = (s_0, s_1, \cdots)$ 是一条全路径（full path）当且仅当 $\forall i \in \mathbb{N} : (\mathrm{s_i}, \mathrm{s_{i+1}}) \in \mathrm{R}$. 对于 CTL* 的任意状态公式 φ 和路径公式 ψ，$\mathfrak{M}, s_0 \vDash \varphi$ 表示 φ 在 $\mathfrak{M}$的状态 s_0 为真；$\mathfrak{M}, x \vDash \psi$ 表示 ψ 对于 $\mathfrak{M}$ 中的全路径 x 为真. $\vDash$ 可归纳定义如下:

(S1) $\mathfrak{M}, s_0 \vDash p$，当且仅当$p \in L(s_0)$.

$\mathfrak{M}, s_0 \vDash \bot$从不成立.

(S2) $\mathfrak{M}, s_0 \vDash \varphi_1 \vee \varphi_2$，当且仅当$\mathfrak{M}, s_0 \vDash \varphi_1$ 或$\mathfrak{M}, s_0 \vDash \varphi_2$.

$\mathfrak{M}, s_0 \vDash \neg\varphi$，当且仅当$\mathfrak{M}, s_0 \vDash \varphi$ 不成立.

(S3) $\mathfrak{M}, s_0 \vDash \exists\psi$，当且仅当$\mathfrak{M}$ 中存在全路径 $x = (s_0, s_1, \cdots)$，满足$\mathfrak{M}, x \vDash \psi$.

(P1) $\mathfrak{M}, x \vDash \varphi$，当且仅当 $\mathfrak{M}, x \vDash \varphi$.

(P2) $\mathfrak{M}, x \vDash \psi_1 \vee \psi_2$，当且仅当$\mathfrak{M}, x \vDash \psi_1$ 或$\mathfrak{M}, x \vDash \psi_2$.

$\mathfrak{M}, x \vDash \neg\psi$，当且仅当$\mathfrak{M}, x \vDash \psi$ 不成立.

(P3) $\mathfrak{M}, x \vDash \psi_1 \mathcal{U} \psi_2$，当且仅当$\exists j(\mathfrak{M}, x^j \vDash \psi_2$ 以及 $\forall k < j(\mathfrak{M}, x^k \vDash \psi_1))$.

$\mathfrak{M}, x \vDash \bigcirc\psi$，当且仅当$\mathfrak{M}, x^1 \vDash \psi$.

CTL 作为 CTL* 的子集，上述语义定义自然也完全适用. 但是可以采用更为简洁的语义定义. 具体而言，它包括上面的S1，S2，S3以及下面的S4:

(S4) $\mathfrak{M}, s_0 \vDash \exists \bigcirc \varphi$，当且仅当 $\mathfrak{M}$ 中存在状态s_1 满足 Rs_0s_1, 且 $\mathfrak{M}, s_1 \vDash \varphi$.

$\mathfrak{M}, s_0 \vDash \exists\Box\varphi$，当且仅当 $\mathfrak{M}$ 中存在全路径 $x = (s_0, s_1, \cdots)$，满足 $\forall i \in \mathbb{N} : \mathfrak{M}, s_i \vDash \psi$.

$\mathfrak{M}, s_0 \vDash \exists(\varphi_1 \mathcal{U} \varphi_2)$，当且仅当 $\mathfrak{M}$ 中存在全路径 $x = (s_0, s_1, \cdots)$，满足 $\exists j(\mathfrak{M}, s_j \vDash \psi_2$ 以及 $\forall k < j(\mathfrak{M}, s_k \vDash \psi_1))$.

例12.7 对于如图12-9所示的模型 $\mathfrak{M} = (S, R, L)$, 其中 $L(a) = L(c) = \{\text{white}\}$；$L(b) = L(e) = \{\text{grey}\}$，$L(d) = \{\text{black}\}$. 我们可以得到：

(1) $\mathfrak{M}, d \vDash \text{black}$

(2) $\mathfrak{M}, a \vDash \forall\bigcirc \text{ grey}$

(3) $\mathfrak{M}, a \vDash \exists\Diamond\exists\Box \text{ black}$

(4) $\mathfrak{M}, b \vDash \exists(\text{ grey } \mathcal{U} \text{ white})$

(5) $\mathfrak{M}, e \vDash \forall(\text{ grey } \mathcal{U} \text{ (white} \wedge \exists \bigcirc \exists\Box \text{ black))}$

(6) $\mathfrak{M}, c \vDash \forall(\bigcirc \text{ grey} \vee \bigcirc \text{ black})$

(7) $\mathfrak{M}, a \vDash \exists(\text{white} \wedge \bigcirc \text{ grey} \wedge \bigcirc\bigcirc \text{ grey} \wedge \Diamond\exists\Box \text{ black})$

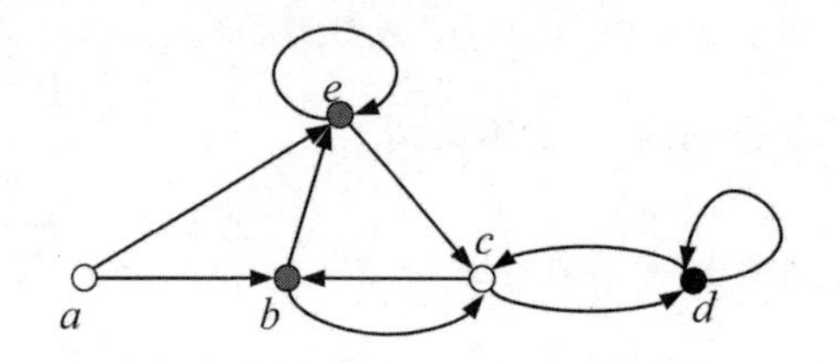

图 12–9 线性时间时态逻辑语义示例

上面(1)-(5)中的公式均属于CTL，但(6)(7)不是，因为后者中存在对线性时态算子的布尔组合或嵌套. 读者可以尝试自行在图12-9中找出表明这些公式为真的路径，这种路径一般称为此公式的见证（witness），而表明一个公式为假的路径一般称为此公式的反例（counterexample）.

例12.8

CTL在用于计算机软硬件系统自动验证的模型检测技术中得到了成功的应用. 一般的方法是把系统的状态转换建模为Kripke模型，把需要验证的属性表达为CTL公式，于是可通过判定公式是否为真来验证系统是否满足属性（而前者可以用计算机程序自动进行）.

例如，可以表达与验证下列属性:

- $\exists\Diamond$(Started $\land \neg$ Ready)：到达一个已启动但并未就绪的状态是可能的.
- $\forall\Box$(Req$\rightarrow \forall\Diamond$ Ack)：如果发生请求，那么会被确认收到.
- $\forall\Box$($\forall\Diamond$ DeviceEnabled)：一个设备总是可用的.
- $\forall\Box$($\exists\Diamond$ Restart)：重启总是可能的.

12.4 正规模态逻辑

上文的讨论主要集中于模态逻辑的语义层面，我们已经可以看出，模态逻辑其实包括许多适用于不同框架、模型，采用不同语言的逻辑系统. 而对于语法层面，我们需要关注的一件事是为这些逻辑构建公理系统，从而通过语法机制生成所有的在我们关注的框架类上有效的公式. 一种思路是首先构建一种最一般、最基本的公理系统，然后对于各种不同的逻辑可以继承上述的基本系统，并添加相应的特征性的公理，从而构成适用于这种逻辑的更强的系统. 问题是上述的基本系统是否存在? 上述的语法机制是否与语义后承关系一致? 正规模态逻辑（Normal Modal Logic）的研究为上述问题提供了肯定的答案.

我们将首先定义一种基本模态语言的名为 **K** 的Hilbert公理系统. 可以证明 **K** 正是上面提到的这种基本系统，它实际上是用于框架推理的“最小”（或“最弱”）的系统，而更强的系统可以通过添加额外的公理而得到.

定义12.13 **K**-证明是一个无穷的公式序列，其中任何一个公式或者是公理，或者是由序列中排在前面的一个或多个公式通过采用一条或多条规则得到.

K-系统的公理包括以下三部分 :

1) (**TAUT**) 所有的重言式.

2) (**K**) $\Box(p \to q) \to (\Box p \to \Box q)$.

3) (**Dual**) $\Diamond p \leftrightarrow \neg\Box\neg p$.

K-系统的规则包括:

1) (Modus Ponens, **MP**) $\dfrac{\varphi \to \psi,\ \varphi}{\psi}$.

2) (Uniform Substitution, **US**) $\dfrac{\varphi}{\theta}$.

其中，θ 为把 φ 中的命题符一致地替换为任意的公式而得到的公式.

3) (Generalization, **N**) $\dfrac{\varphi}{\Box\varphi}$.

如果一个公式 φ 为某个**K**-证明的最后一个公式，那么就说 φ 是**K**-可证的，并记作 $\vdash_K \varphi$.

K-系统在如下意义下是最小模态的Hilbert系统：很容易证明**K**-系统的公理均是有效的，而且**K**-系统的三条规则保持有效性，因此所有的**K**-可证的公式均是有效的. 即**K**-系统对于所有的框架构成的类是可靠的（sound）. 此外，可以证明反过来也是正确的：如果一个基本模态公式是有效的，那么它就是**K**- 可证的. 也就是说，对于所有的框架构成的类是完全的（complete）. 简而言之，**K**-系统恰好产生所有的基本模态逻辑的有效公式.

定理12.14 **K**-系统对于所有的框架是可靠且完全的.

例12.9

公式 $(\Box p \wedge \Box q) \to \Box(p \wedge q)$ 对于任何框架均是有效的，因而它应该是**K**-可证的. 下面证明过程说明事实上的确如此:

证明:

1. $\vdash p \to (q \to (p \wedge q))$	**TAUT**
2. $\vdash \Box(p \to (q \to (p \wedge q)))$	**N**:1
3. $\vdash \Box(p \to q) \to (\Box p \to \Box q)$	**K**
4. $\vdash (p \to (q \to (p \wedge q))) \to (\Box p \to \Box(q \to (p \wedge q)))$	**US**:3
5. $\vdash \Box p \to \Box(q \to (p \wedge q))$	**MP**:2,4
6. $\vdash \Box(q \to (p \wedge q)) \to (\Box q \to \Box(p \wedge q))$	**US**:3
7. $\vdash \Box p \to (\Box q \to \Box(p \wedge q))$	**PL**:5,6
8. $\vdash (\Box p \wedge \Box q) \to \Box(p \wedge q)$	**PL**:7

□

注意:在上述证明过程中， $6 \Rightarrow 7$ 以及 $7 \Rightarrow 8$ 其实是省略了多次使用的 **TAUT** 或**MP**的中间步骤. 因为这些步骤其实仅与命题逻辑有关，且比较显而易见，故可省略而采用如上的简洁书写方式.

事实上，**K**-系统经常显得太弱. 如果对传递框架感兴趣，并且需要一个反映这个特征的证明系统，比如我们知道 $\Diamond\Diamond p \to \Diamond p$ 对于所有的传递框架有效，并需要一个能生成这个公式的证明系统. **K**-系统显然不能实现这个目的，因为 $\Diamond\Diamond p \to \Diamond p$ 并不是对于所有的框架均有效. 但是可以为**K**-系统添加额外的公理来应对如上特殊的框架带来的约束. 比如可以为**K**-系统添加公理 $\Diamond\Diamond p \to \Diamond p$ ，从而获得一个名为 **K4**的Hilbert系统. 可以证明 **K4**对所有的传递框架是可靠和完全的（即恰好生成所有的在传递框架上有效的公式），并且可以证明对于任意公式集 Σ 以及公式 φ:

$$\Sigma \vdash_{K4} \varphi \quad \text{iff} \quad \Sigma \Vdash_{\text{Tran}} \varphi$$

其中， $\Sigma \vdash_{K4} \varphi$ (即 φ 是 **K4** 下 Σ 的一个局部语法后承（local syntactic consequence）) 当且

仅当存在 Σ 的一个有穷子集 $\{\sigma_1,\cdots,\sigma_n\}$，使得 $\vdash_{K4} \sigma_1 \wedge \cdots \wedge \sigma_n \to \varphi$；而 $\Vdash_{Tran}$ 表示传递框架上的局部语义后承. 简而言之，我们把传递框架上的局部语义后承关系化归到 **K4** 上的可证明性.

更一般地，可以把基本模态逻辑的任意公式集 Γ 作为新的公理加入到K-系统中，从而构成公理系统$K\Gamma$. 很多情况下，人们都可以得到类似的框架有效性结论. 所有这类公理系统各自能生成的公式集都可以纳入到正规模态逻辑的概念下.

定义12.15 一个正规模态逻辑 Λ 是如下一个公式集:

1) 包含所有的重言式，以及 $\Box(p \to q) \to (\Box p \to \Box q)$ 和 $\Diamond p \leftrightarrow \neg\Box\neg p$.

2) 对规则**MP**、**US** 和**N** 封闭.

人们把最小的一个正规模态逻辑称为**K**.

上述定义直接抽象于模态Hilbert系统的潜在思想. 它抛弃所有的关于证明顺序的讨论并专注于真正本质性的部分：存在公理，并且对证明规则封闭. 可以证明对于任意框架类 $\mathbb{F}$, 所有在其上有效的公式构成的集合 $\Lambda_{\mathbb{F}}$ 是一个正规模态逻辑. 也就是说，正规模态逻辑的概念能很好地对应到语义层面.

12.5 从模态逻辑到一阶逻辑

为了说明（本讲开头提到的）模态逻辑并不是一个孤立的形式化系统，可以在模态逻辑和一阶逻辑之间架起一座“桥梁”. 为了获得简洁的表述，下面把关注点放在基本模态逻辑.

定义12.16 对于一个命题符的集合 Φ, $\mathcal{L}^1(\Phi)$ 为如下带等词的一阶语言.

1) 具有一元谓词 $P_0, P_1, P_2, \cdots$ 分别对应于 Φ 中的命题符 $p_0, p_1, p_2, \cdots$

2) 具有一个二元关系 R，对应于模态算子 $\Diamond$.

进而可以定义一种从基本模态语言到一阶语言的标准翻译（standard translation）.

定义12.17 令 x 为一阶逻辑的变元，把基本模态语言公式对应到 $\mathcal{L}^1(\Phi)$ 中的一阶语言公式的

标准翻译 ST_x 可归纳定义如下:

- $ST_x(p) = Px$
- $ST_x(\bot) = x \neq x$
- $ST_x(\neg\phi) = \neg ST_x(\phi)$
- $ST_x(\phi \vee \psi) = ST_x(\phi) \vee ST_x(\psi)$
- $ST_x(\Diamond\phi) = \exists y(Rxy \wedge ST_y(\phi))$

其中，y 是新变元.

例12.10 $\Box\varphi$ 和 $\Diamond(\Box p \to q)$ 的标准翻译分别如下:

1) $ST_x(\Box\varphi) = ST_x(\neg\Diamond\neg\varphi) = \neg\exists y(Rxy \wedge ST_y(\neg\varphi)) = \forall y(Rxy \to ST_y(\varphi))$

2)
$$\begin{aligned} ST_x(\Diamond(\Box p \to q)) &= \exists y_1(Rxy_1 \wedge ST_{y_1}(\Box p \to q)) \\ &= \exists y_1(Rxy_1 \wedge (ST_{y_1}(\Box p) \to ST_{y_1}(q))) \\ &= \exists y_1(Rxy_1 \wedge (\forall y_2(Ry_1y_2 \to ST_{y_2}(p)) \to Qy_1)) \\ &= \exists y_1(Rxy_1 \wedge (\forall y_2(Ry_1y_2 \to Py_2) \to Qy_1)) \end{aligned}$$

标准翻译的合理性显而易见：它实质上是把模态满足的定义用一阶语言重新描述. 对于任何基本模态语言公式 φ，$ST_x(\varphi)$ 将包含恰好一个自由变元 x, 其作用实际上是用于标注当前状态. 如此一个自由变元使一阶逻辑的全局观念能够模拟模态满足的局部观念. 模态词被翻译为受限的量词，即该量词被限制为仅作用于相关的状态，这显然是一种用一阶逻辑模拟模态词的局部作用的方法. 此外，基于 Φ 的基本模态语言的模型也可以看作 $\mathcal{L}^1(\Phi)$ 的模型. $\mathcal{L}^1(\Phi)$ 有一个二元关系符 R 以及对应于 Φ 中的每个命题符均有一个一元谓词. 一个一阶逻辑模型必须为上述符号提供解释. 模态语言的模型 $\mathfrak{M} = (W, R, L)$ 恰好满足上述需求：模型中的二元关系 R 可以用于解释关系符 R，集合 $L(p_i)$ 可用于解释一元谓词 P_i. 可见模态语言和一阶语言的模型都是关系结构，它们并没有数学上的区别. 因此，我们完全可以用 $\mathfrak{M} \vDash ST_x(\varphi)[w]$ 来表示当 w 被赋值给自由变元 x 时，一阶语言公式 $ST_x(\varphi)$ 在模型 $\mathfrak{M}$ 中被满足.

定理12.18 若 φ 是一个基本模态语言公式，$\mathfrak{M}$ 是一个任意的模型，w 是其上的一个任意状态，那么

1) $\mathfrak{M}, w \Vdash \varphi$ 当且仅当 $\mathfrak{M} \vDash ST_x(\varphi)[w]$.

2) $\forall w : \mathfrak{M}, w \Vdash \varphi$ 当且仅当 $\mathfrak{M} \vDash \forall x ST_x(\varphi)$.

证明: 可通过对 φ 的结构进行归纳证明. 具体过程留作习题. □

上述结论说明，当在模型层次进行解释时，基本模态语言公式等价于具有一个自由变元的一阶语言公式. 实际上，此结论不仅限于基本模态逻辑. 对于更一般的模态逻辑（如包含多个模态词、不仅限于一元模态词等），也可类似地定义标准翻译，并且得到如上的等价关系. 模态逻辑与一阶逻辑之间的这种“桥梁”使这两种逻辑可以互通一些重要结论、观点和证明技巧. 例如，由一阶逻辑的紧性定理可以比较方便地得到模态逻辑的紧性定理；由模态逻辑可判定的结论可以定位一阶逻辑的可判定性片段.

第十二讲习题

1. 若 $\Diamond\phi$ 解释为"ϕ 是被允许的"，那么 $\Box\phi$ 应该如何理解？试列出在上述解释下看似合理的公式，Löb 公式 $\Box(\Box p \to p) \to \Box p$ 是否在其中？为什么？

2. 证明任何具有命题重言式的形式的公式均是有效的，并证明 $\Box(p \to q) \to (\Box p \to \Box q)$ 是有效的.

3. 通过构造相应的框架 $\mathfrak{F} = (W, R)$，证明下列的任意公式均不是有效的.

   (a) $\Box\bot$

   (b) $\Diamond p \to \Box p$

   (c) $p \to \Box\Diamond p$

   (d) $\Diamond\Box p \to \Box\Diamond p$

   并分别为上述公式找出一个框架的非空类，使公式在其上有效.

4. 考虑如图12-10所示的用于描述一个交通灯运行过程的 Kripke 模型，其中命题符包括：r(红)，y(黄)，g(绿)，b(黑). 请为下列公式分别找出所有满足状态.

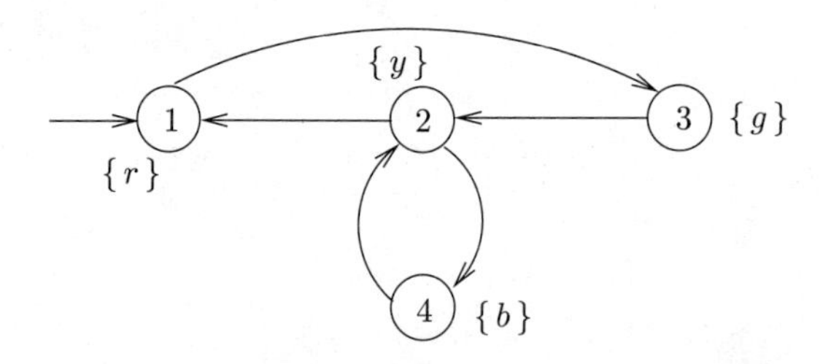

图 12–10 一个交通灯运行过程的Kripke模型

   (a) $\forall\Diamond y$ (b) $\forall\Box y$ (c) $\forall\Box\forall\Diamond y$

   (d) $\forall\Diamond g$ (e) $\exists\Diamond g$ (f) $\exists\Box g$

   (g) $\exists\Box\neg g$ (h) $\forall(b\,\mathcal{U}\neg b)$ (i) $\forall(b\,\mathcal{U}\neg b)$

   (j) $\forall(\neg b\,\mathcal{U}\exists\Diamond b)$ (k) $\forall(g\,\mathcal{U}\forall(y\,\mathcal{U}r))$ (l) $\forall(\neg b\,\mathcal{U}\,b)$

5. 下面哪些论断是正确的？请提供证明或反例.

(a) 如果 $s \vDash \exists\Box a$, 那么 $s \vDash \forall\Box a$.

(b) 如果 $s \vDash \forall\Box a$, 那么 $s \vDash \exists\Box a$.

(c) 如果 $s \vDash \forall\Diamond a \vee \forall\Diamond b$, 那么 $s \vDash \forall\Diamond(a \vee b)$.

(d) 如果 $s \vDash \forall\Diamond(a \vee b)$, 那么 $s \vDash \forall\Diamond a \vee \forall\Diamond b$.

6. 分别给出 $(\Box p \wedge \Diamond q) \rightarrow \Diamond(p \wedge q)$ 以及 $\Diamond(p \vee q) \leftrightarrow (\Diamond p \vee \Diamond q)$ 的 **K**-证明.

7. 公理系统 **S4** 是通过在 **K4**中添加公理 $p \rightarrow \Diamond p$ 得到的. 证明$\nvdash_{\mathrm{S4}} p \rightarrow \Box\Diamond p$，即证明 **S4** 不能证明这个公式（提示：可找出一个合适的框架类使得**S4**是可靠的）. 如果我们把这个公式作为公理添加到 **S4**中，那么就获得了系统 **S5**，试给出 $\Diamond\Box p \rightarrow \Box p$ 的**S5**-证明.

8. 证明定理12.18.

9. 给出下列基本模态语言公式的标准翻译.

(a) $p \rightarrow \Diamond p$

(b) $p \rightarrow \Box\Diamond p$

(c) $\Diamond\Box p \rightarrow \Box p$

(d) $(\Box p \wedge \Diamond q) \rightarrow \Diamond(p \wedge q)$

参考文献

[1] Davis M. *Engines of logic: Mathematicians and the Origin of the Computer* [M]. NewYork: W. W. Norton & Company, Inc., 2001.

[2] Kleene S. C. *Introduction to Metamathematics* [M]. AmsterdamμNorth-Holland Publishing Company, 1952.

[3] Monk J. D. *Mathematical Logic* [M]. New York: Springer-Verlag, 1976.

[4] Enderton H. B. A *Mathematical Introduction to Logic* [M]. 2ed. Cambridge University Press, 2001.

[5] Gallier J. H. *Logic for Computer Science: Foundations of Automatic Theorem Proving* [M]. New York: Dover Publications, 1987.

[6] Buss S.R. *Handbook of Proof Theory* [M]. Amsterdam: North-Holland Publishing Company, 1998.

[7] Jech T. *Set Theory* [M]. New YorkμSpringer-Verlag, 2006.

[8] Takeuti G.*Proof Theory* [M]. AmsterdamμElsevier Science, 1975.

[9] Blackburn P, Rijke M D, Venema Y. *Modal Logic* [M]. Cambridge University Press, 2002.

[10] Emerson E. A. (1990). Temporal Model Logic. Handbook of Theoretical Computer Science. Vol. B. Formal Models and Semantics.

[11] 莫绍揆．数理逻辑 [M]．北京：高等教育出版社 , 1985.

[12] 李未．数理逻辑：基本原理与形式演算 [M]．2 版．北京：科学出版社，2014.